电气专业系列培训教材

高电压技术

主 编 张晓红 张执超 文 月

参 编 金 昊 韩 逊 秦 马 刘 晶

中国电力出版社

CHINA ELECTRIC POWER PRESS

内 容 提 要

本书为衡真教育集团组织编写的系列图书之一,全书分为五章,包括气体、液体和固体电介质的绝缘特性,绝缘实的试验,以及过电压防护与绝缘配合。除了传统的内容,还适度包括了高电压技术领域的新进展。

本书主要作为相关考试参考教材,也可作为电气工程及其自动化专业、电气工程等电工类专业的教材,也可供有关从事电力工程的工程技术人员作为参考。

图书在版编目(CIP)数据

高电压技术/张晓红,张执超,文月主编.—北京:中国电力出版社,2024.6(2025.10重印)
ISBN 978-7-5198-8936-4

Ⅰ.①高… Ⅱ.①张…②张…③文… Ⅲ.①高电压-技术-教材 Ⅳ.①TM8

中国国家版本馆 CIP 数据核字(2024)第 105416 号

出版发行:中国电力出版社
地　　址:北京市东城区北京站西街 19 号(邮政编码 100005)
网　　址:http://www.cepp.sgcc.com.cn
责任编辑:张　旻(010—63412536)
责任校对:黄　蓓　于　维
装帧设计:赵姗姗
责任印制:吴　迪

印　　刷:北京雁林吉兆印刷有限公司
版　　次:2024 年 6 月第一版
印　　次:2025 年 10 月北京第五次印刷
开　　本:787 毫米×1092 毫米　16 开本
印　　张:9.5
字　　数:231 千字
定　　价:37.00 元

编委会

前言

电气工程及其自动化专业是强电（电为能量载体）与弱电（电为信息载体）相结合的专业，要求掌握电机学、电力电子技术、电力系统基础、高电压技术、供配电与用电技术等核心内容。为了帮助学生高效完成专业学习，衡真教育集团组织编写了《电机学》《电力系统分析》《继电保护原理》《高电压技术》《电路原理》《电力电子技术》《电气设备及主系统》和《现代电力系统分析》八种教材。

本系列教材旨在帮助读者梳理相关课程知识点，进一步提升理论知识水平。希望本系列教材能为电气工程及其自动化领域的学习者提供基础理论与核心知识，助力读者夯实基础，通晓理论。

本系列教材具有如下特点：

（1）内容全面，精准对接电气专业课程需求，涵盖必备学科知识，并融入相关考试要点，助力学习与考前冲刺。

（2）指导性强，在内容安排上针对专业学习和相关考试内容进行精挑细选，确保紧扣专业核心知识。紧跟行业动态，随相关考试大纲变动更新教材内容，确保教材教学内容始终与时俱进。

（3）注重互动性，包含精选习题、笔记区等互动元素，调动读者积极思考所学知识，辅助读者更好理解和掌握知识框架，供读者进行自我检测，加深知识理解程度实现知识点汇总，提供不同层次的互动体验。配合衡真教育集团的在线题库系统可巩固所学知识，感兴趣的读者可以前往练习。

（4）注重可读性，语言文字表达清晰，图表插图辅助说明，使得复杂的概念易于理解，提高读者的阅读兴趣。

（5）逻辑性强，按照由浅入深、由易到难的原则编写，清晰地解释各个知识点之间的关联，内容组织严谨，逻辑清晰，有助于读者建立完整的知识体系，形成对知识的整体把握。

本书内容分为五章，第 1 章是电介质的电气特性及放电理论，第 2 章是电气设备绝缘特性的测试，第 3 章是线路和绕组中的波过程，第 4 章是电力系统防雷保护，第 5 章是电力系统内部过电压及其防护。除了传统的内容，还适度包括了高电压技术领域的新进展。

在本书的编写过程中，我们获得了衡真教研组全体教师的鼎力支持，并且广泛借鉴了国内外多部电气工程领域的教材与专著。在此，我们向所有为本书贡献智慧和努力的老师们表达深深的谢意。

　　教材虽成，然仍存不足，受限于编者之水平与时间，或有疏漏。 恳请读者不吝赐教，指正本书的不足之处。 我们深知学术之路永无止境，愿与读者携手共进，不断修正、完善。

2024 年 4 月

目录

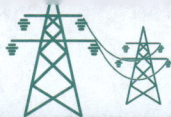

第1章

电介质的电气特性及放电理论

1.1 电介质基础

1.1.1 电介质的概念和用途 B类考点

（1）概念。几乎不导电的材料称为电介质，也称为绝缘材料。一切电介质的电气强度都是有限的，超过某种限度，电介质就会逐步丧失其原有的绝缘性能。

（2）作用。把不同电位的导体分隔开来，阻止导体之间电流流过，维持导体之间的不同电位。

（3）电气特性。在电场作用下，电介质中出现的电气特性可分为以下两大类。

1）在弱电场下，主要是极化、电导、介质损耗等。

2）在强电场下（当电场强度等于或大于放电起始场强或击穿场强时），主要有放电、闪络、击穿等。

1.1.2 电介质的分类 B类考点

1. 依照介质状态分类

包括气体电介质、液体电介质和固体电介质。常见的气体电介质包括空气、SF_6 等；液体电介质包括绝缘油（主要是变压器油）等；固体电介质包括电瓷、玻璃和聚乙烯等。气体电介质具有良好的绝缘自恢复功能；液体电介质绝缘自恢复功能较差；固体电介质一般不具有绝缘自恢复功能。

2. 依照使用场合分类

（1）内绝缘。是指发电厂、变电站的电气设备内绝缘。不与大气直接接触的绝缘，其耐受电压值与大气条件无关。一般来说，内绝缘一旦被击穿，往往不能自动恢复，属于非自恢复性绝缘。大部分由固体和液体介质组成。

（2）外绝缘。输电线路绝缘，厂站外绝缘。也就是除高压电气设备外壳之外，所有暴露在大气中需要绝缘的部分都属于外绝缘。外绝缘大部分由固体和气体组成，一般由空气间隙与各种绝缘子串构成。因此，外绝缘通常直接受到外界条件的影响，包括气压、湿度和表面脏污等因素。

3. 绕组类设备中的分类

通常，将变压器油箱以外的空气（包括沿面）绝缘称为外绝缘；而将油箱内的绝缘（内绝缘）进一步分为主绝缘和纵绝缘，依照图1-1变压器绝缘的分类。简而言之，主绝缘主要包括绕组间和绕组对地的绝缘；纵绝缘包括绕组内部的匝间绝缘、层间绝缘和段间绝缘。

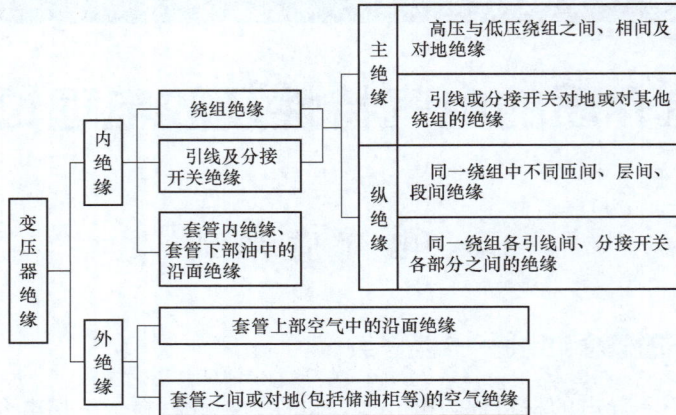

图 1-1　变压器绝缘的分类

【例 1-1】 下列哪种情况下，介质具有击穿后完全的绝缘自恢复特性？（　　　）❶

A. 复合电介质　　　　　　　　　　B. 液体电介质

C. 固体电介质　　　　　　　　　　D. 开放环境的空气

【例 1-2】 外绝缘的特点是耐受电压值与（　　）密切相关。

A. 电压等级　　　　　　　　　　　B. 大气条件

C. 电阻水平　　　　　　　　　　　D. 其他因素

【例 1-3】 用固体电介质作绝缘，可以大量缩小绝缘尺寸。（　　）

A. 正确　　　　　　　　　　　　　B. 错误

【例 1-4】 （多选）变压器套管由带电部分和绝缘部分组成，绝缘部分分为两部分，即（　　）。

A. 外绝缘　　　　　B. 主绝缘　　　　　C. 纵绝缘　　　　　D. 内绝缘

1.1.3　电介质击穿相关术语　A 类考点

（1）击穿电压。使电介质失去其绝缘性能所需要的最低、临界、外加电压。

（2）击穿场强。使电介质失去其绝缘性能所需要的最低、临界、外加电场强度。

（3）绝缘强度。在均匀电场中、使电介质不失去其绝缘性能所需的最高、临界、外加电场强度。空气在标准状态下的电气强度为 30kV/cm；SF_6 气体电气强度是 88.5kV/cm。

注意，均匀电场中击穿电压与间隙距离之比称为击穿场强。我们把均匀电场中气隙的击穿场强称为气体的电气强度。不均匀场中气隙击穿电压与间隙距离之比不能称为气体的电气强度，而通常称为平均击穿场强。

（4）绝缘水平。设备绝缘能耐受的试验电压值（耐受电压），在此电压作用下绝缘不发生闪络、击穿或其他损坏现象的电压。它是由系统最高运行电压、雷电过电压及内部过电压 3 个因素中较严格的一个来确定的。

（5）放电。在电场的作用下，由于电离使流过绝缘介质电流增大的现象统称为放电。

---

❶　本书未做说明的选择题均为单选。

(6) 击穿。加在绝缘介质上电压达到一定数值后，流过的电流剧增，绝缘介质失去绝缘能力，这种由绝缘状态突变为导体状态的变化过程称为击穿。

(7) 闪络。施加在固体绝缘子的极间电压超过一定值时，常常在固体介质和空气的交界面上出现放电现象，这种沿固体绝缘子表面气体放电的现象称为沿面放电。当沿面放电发展成贯穿性放电时称为沿面闪络，简称闪络。击穿和闪络都属于放电。

【例 1 - 5】　（多选）设备的绝缘水平是由（　　）3 个因素中较严格的一个来确定的。

A. 谐振过电压　　　　　　　　　　　B. 系统最高运行电压

C. 雷电过电压　　　　　　　　　　　D. 内部过电压

1.2　气体介质放电的物理过程

正常状态下空气是优良的绝缘体。在 $1cm^3$ 体积内仅含 $500\sim1000$ 对正、负带电粒子。但即便如此，空气仍不失为相当理想的电介质（电导很小，介质损耗很小，且仍有足够的电气强度）。在电力系统中，气体绝缘介质具有广泛的应用：空气在架空输电线路各相导线之间、导线与地线之间、导线与杆塔之间作为绝缘介质。在空气断路器中，压缩空气被用作绝缘媒介和灭弧媒介。在某种类型的高压充气电缆和高压电容器中，特别是在现代的气体绝缘组合电器（GIS）中，更采用了压缩的高电气强度气体（SF_6）作为绝缘介质。

1.2.1　带电粒子的产生与消失　A 类考点

1. 带电粒子的产生与消失

(1) 激励和电离。原子在外界因素（获得外加能量）作用下，其电子（一个或者若干个）跃迁到能量较高的状态（转移到离核较远的轨道上去）。如果能量足够高，则电子可以脱离原子核的束缚而成为自由电子。电离，就是指原子在外界因素作用下，一个或几个电子脱离原子核的束缚而形成自由电子和正离子的过程。电离是气体放电的首要前提。图 1 - 2 给出了气体原子的激励和电离过程示意。

(2) 自由电子消失（去游离）。漂移、扩散、复合和附着。

2. 电离的方式

(1) 碰撞电离。气体中产生带电粒子的重要方式。

1) 定义。当带电质点具有的动能积累到一定数值后，在与气体原子（或分子）发生碰撞时，可以使后者产生电离，这种由碰撞而引起的电离称为碰撞电离。

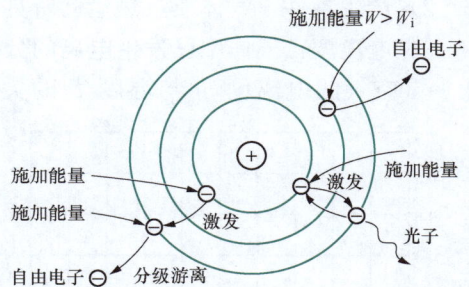

图 1 - 2　气体原子的激励和电离示意

2) 产生条件。带电质点动能不小于气体原子（或分子）的电离能。

3) 自由行程。带电质点两次碰撞之间的距离称为自由行程：增加自由行程可以增加碰撞电离发生的概率。实际上自由行程长度是随机量的，并有很大的分散性。一般用平均自由行程长度来表示。大气压和常温下电子在空气中的平均自由行程长度的数量级为 10^{-5} cm。

注意，碰撞电离是气体放电过程中产生带电质点的较重要的方式。碰撞电离主要是由电子引起的，离子引起的碰撞电离概率要比电子引起的小得多。

原因：

因此，在分析气体放电发展时只考虑电子引起的碰撞电离。

4）带电粒子的迁移率。

定义：带电粒子虽然不可避免地要与气体分子不断地发生碰撞，但在电场力的驱动下，仍将沿着电场方向漂移，其速度 v 与场强 E 成正比，其比例系数 $k=v/E$，称为迁移率。它表示该带电粒子在单位场强下沿电场方向的漂移速度。由于电子的平均自由行程长度比离子大得多，而电子的质量比离子小得多，更易加速，因此电子的迁移率远大于离子。

【例 1-6】 电子和离子相比，哪种粒子的迁移率更大？（   ）

A. 电子　　　　　 B. 离子　　　　　 C. 一样大　　　　　 D. 无法比较

（2）光电离（游离）。

1）定义：由光辐射引起气体原子（或分子）的电离称为光电离。

2）产生条件：光子的能量不小于气体原子（或分子）的电离能。

3）一般波长越短的光子光电离能力越强，如宇宙射线、短波紫外线、γ 射线等。工程上常采用紫外线来产生光电离引起气隙放电。

（3）热电离（游离）。

1）定义：气体在热状态下引起的电离过程称为热电离。

2）产生条件：气体质点热运动所具有的动能不小于气体原子（或分子）的电离能。

3）电离度：气体中已发生电离的分子数与总分子数的比值 m 称为该气体的电离度。从图 1-3 空气的电离度 m 与温度 T 的关系曲线可以看出，只有在温度超过数千开氏温度（K），甚至 10000K（电弧放电的情况）时才需要考虑热电离。

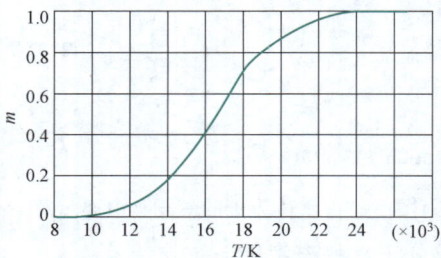

图 1-3　空气的电离度 m
与温度 T 的关系曲线

（4）电极表面电离（游离）。

1）定义：电子从金属电极表面逸出来的过程称为表面电离。金属中的电子摆脱金属表面的位能势垒的束缚成为自由电子的过程。其条件是电子的能量不小于金属的逸出功。

2）产生条件包括：正离子撞击阴极表面、光电子发射（光电效应）、热电子发射、强场发射（冷发射）。

3）逸出功：电子从金属表面逸出所需的能量。一般来说，金属的逸出功比气体分子的电离能小很多，这表明金属表面电离比气体空间电离更容易发生。

【例 1 - 7】　金属的逸出功和气体分子的电离能相比（　　）。

A. 逸出功大　　　　B. 电离能大　　　　C. 两者一样大　　　　D. 无法比较

【例 1 - 8】　（多选）请选出下列选项中的正确答案（　　）。

A. 在外加电场作用下气体中的正离子因其质量和体积都较大，易频繁发生碰撞电离

B. 气体中电子碰撞电离的强弱程度与外加电场大小无关

C. 在外加电场作用下，自由电子容易被加速积累足够的动能，从而产生电子碰撞电离

D. 表面游离一般发生在金属阴极附近

【例 1 - 9】　气体放电过程中产生带电质点较重要的方式是（　　）。

A. 光游离　　　　B. 碰撞游离　　　　C. 热游离　　　　D. 表面游离

3. 带电粒子的消失

（1）漂移（定向运行）。带电质点在电场力的作用下流入电极的过程。

（2）扩散。带电质点由于热运动而逸出放电空间。带电质点的扩散是热运动造成的，故它与气体的状态（压力和温度）有关。

（3）复合。正离子与负离子相遇而互相中和还原成中性原子的过程，过程中多余的能量将以光子的形式向周围发射，光子传播的路径上可能进一步造成空间光电离。复合速率与带电粒子浓度和电场强度直接相关：粒子浓度越大，电场强度越小，复合进行得越快。

4. 附着效应

电子与原子碰撞时，电子附着原子形成负离子。负离子的形成对放电具有抑制作用。原子或分子对电子的附着能力主要由元素电负性来决定。F 和 O 都是常见的电负性较强的元素，因此 H_2O 和 SF_6 分子均存在比较强的附着效应。

【例 1 - 10】　以下带电质点的产生和消失形式中哪些可能是促进放电发展的？（　　）

A. 定向运动　　　　　　　　　　B. 扩散

C. 复合　　　　　　　　　　　　D. 负离子的形成

【例 1 - 11】　不产生游离作用的形式是（　　）。

A. 碰撞　　　　B. 加热　　　　C. 光照　　　　D. 附着

【例 1 - 12】　异号带电质点的浓度越大，场强越大，复合越激烈。（　　）

A. 正确　　　　　　　　　　　　B. 错误

1.2.2　气体放电基本理论　A 类考点

1. 气体放电的基本形式

大气条件下，根据气体压力、电源功率、电极形状等因素的不同，图 1 - 4 所示气体放电的形式有辉光放电、电弧放电、火花放电和电晕放电。

（1）辉光放电。当气体压力不大、电源功率很小时，外施电压增到一定值后，回路中的电流突然增至明显数值，整个空间忽然出现发光现象，这种放电形式称为辉光放电。它的特点是电流密度较小，放电区域通常占据了电极间的整个空间。霓虹管中的放电就是辉光放电的典型应用。

（2）电晕放电。如果电极曲率半径很小或电极间距离很远，即电场极不均匀，则当电压升高到一定值后，首先紧贴电极在电场最强处出现发光层，回路中出现用一般仪表即可感应

(a) 辉光放电

(b) 电弧放电

(c) 火花放电

(d) 电晕放电

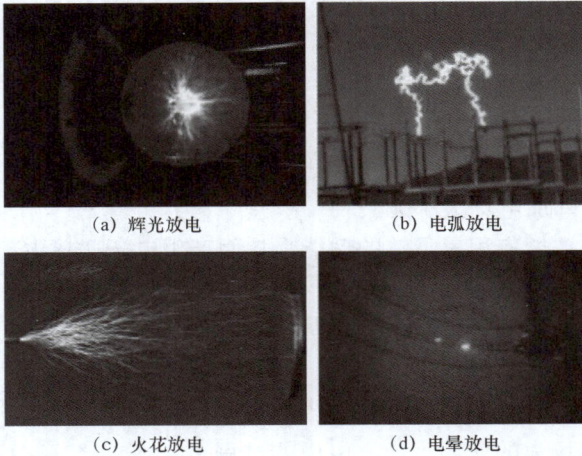

图 1-4　气体放电的基本形式

的电流，随着电压的升高，发光层扩大，放电电流也逐渐增大。这种放电称为电晕放电。发生电晕放电时，气体间隙的大部分尚未丧失绝缘性能，放电电流很小，间隙仍能耐受电压的作用。

（3）火花放电和电弧放电。如电压继续升高，从电晕电极伸展出许多较明亮的细放电通道，称为刷状放电；电压再升高，最后整个间隙才被击穿，根据电源功率的大小而转为电弧放电或火花放电。在较高气压（如大气压力）下，气隙击穿后也总是形成收细的发光放电通道，而不再扩散于间隙中的整个空间。当回路中阻抗很大，限制了放电电流时，电极间出现贯通两极的断续的明亮细火花，称为火花放电。

2. 气体放电伏安特性

在气隙的电极间施加电压时，可检测到很微小的电流。图 1-5 表示气体放电伏安特性。当电压大于 U_0 时，气体进入导电状态，电流以指数规律迅速增加（α 为碰撞电离系数，d 为间隙距离），不需要外界因素放电进入自持放电阶段。对于均匀场，U_0 是击穿电压，对于不均匀场，U_0 是电晕起始电压。

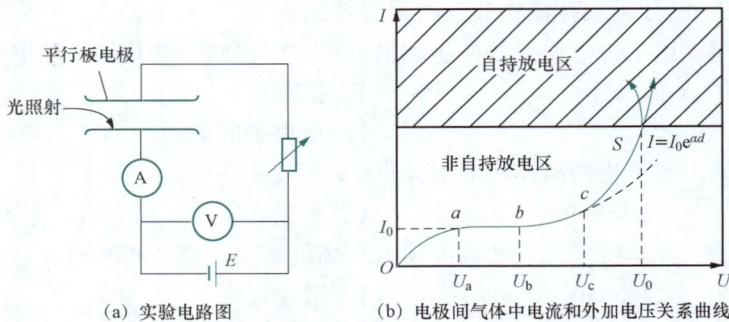

(a) 实验电路图

(b) 电极间气体中电流和外加电压关系曲线

图 1-5　气体放电伏安特性

3. 自持放电和非自持放电

不需要外界游离因素存在，也能维持下去的放电称为自持放电。去掉外界游离因素后，放电随即停止，即为非自持放电。

【例 1-13】　自持放电是即使外界游离因素不存在，间隙放电仅依靠电场作用即可继续进行的放电现象，称为自持放电。（　　）

A. 正确　　　　　　　　　　　　　　　　B. 错误

4. 气体放电物理过程的基础概念

（1）平均自由行程长度 λ。粒子单位行程中碰撞次数的倒数（粒子相邻两次碰撞之间平均所走的行程）。

（2）电子崩。电子按照几何级数不断增多，类似雪崩一样发展，将这种急剧增多的空间电子流称为电子崩。电子崩的形成和带电粒子在电子崩中的分布如图 1-6 所示。

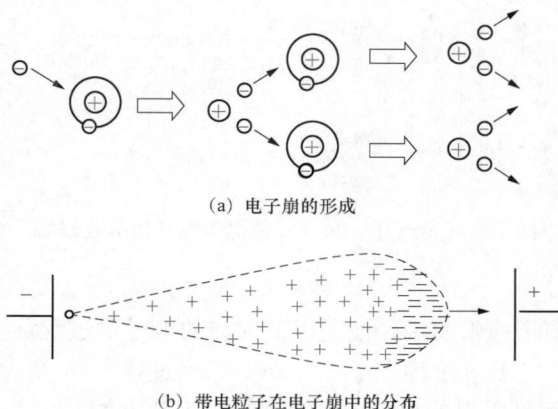

（a）电子崩的形成

（b）带电粒子在电子崩中的分布

图 1-6　电子崩示意图

1）电子崩的形状。"崩头大、崩尾小"。

2）发生碰撞电离后，电子的速度快，所以会大量集中在崩头。

3）正离子移动速度较慢，所以缓慢地移向崩尾。

（3）碰撞电离系数。一个电子沿电力线方向行经 1cm 时发生的碰撞电离次数的平均值，称为碰撞电离系数，一般碰撞电离系数 α 用下式表示。

$$\alpha = AP \mathrm{e}^{-\frac{BP}{E}} \tag{1-1}$$

式中　A、B——与气体种类有关的常数；

　　　E——电场强度；

　　　P——气体压力。

由式（1-1）得到的结论：电场强度 E 增大，则 α 增大；气体压力 P 很大（电子的平均自由行程很小）或者气体压力 P 很小（电子的平均自由行程很大）时，α 值都很小。总之，在高气压或高真空的条件下，气体间隙不易发生放电现象，具有较高的电气强度。

5．汤逊理论

（1）内容。

1）电子向阳极运动中发生碰撞电离是气体放电的主要原因（α 过程）。

2）正离子沿电场方向运动发生碰撞电离（β 过程）。

3）正离子撞击到阴极表面释放出电子［γ 过程，自持放电条件 $\gamma(\mathrm{e}^{ad}-1) \geqslant 1$］。

一个电子从阴极到阳极途中因电子崩而造成的正离子数为（$\mathrm{e}^{ad}-1$），此处 α 为碰撞电离系数，d 为间隙距离。这些正离子在阴极上造成二次自由电子数为 $\gamma(\mathrm{e}^{ad}-1)$，如果它等于 1，就意味着那个初始电子有了一个后继电子，从而使放电得以自持。

图 1-7 给出了低气压、短气隙下的气体放电过程，图中闭环部分所示的循环不息的状态，表示当自持条件得到满足时，放电不再依赖外界电离因子的作用就能自己维持下去了。

（2）适用范围。低气压、短气隙，pd 值较小，一般 pd 值小于 26.66kPa·cm（或

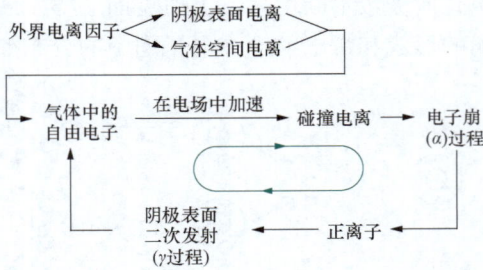

图 1-7　低气压、短气隙情况下的气体放电过程

200mmHg·cm)。

【例 1-14】　正离子撞击阴极,使阴极发射新的电子的过程称为(　　)。

A. α 过程　　　　　　　B. β 过程　　　　　　　C. γ 过程　　　　　　　D. 先导放电

(3) 汤逊理论不能解释雷电的放电现象表现为以下几方面。

1) 放电外形。根据汤逊理论,气体放电应在整个间隙中均匀连续地发展。低气压下气体放电发光区确实占据了整个电极空间,如辉光放电。但大气压力下气体击穿时出现的是带有分支的明亮细通道。

2) 放电时间。根据汤逊理论,间隙完成击穿,需要好几次这样的循环:形成电子崩,崩中正离子到达阴极造成二次电子,这些电子重新又形成更多的电子崩。由正离子的迁移率可以计算出完成击穿所需的时间,即放电时间。这样计算得到的放电时间和低气压下的放电时间比较一致,但比火花放电时的放电时间实测值要大得多。

3) 击穿电压。pd 值较小时,选择适当的下值,根据汤逊理论,自持放电条件求得的击穿电压和实验值比较一致。

pd 值很大时,如仍采用原来的值,则击穿电压计算值和实验值将有很大的出入。

4) 阴极材料的影响。根据汤逊理论,阴极材料的性质在击穿过程中应起一定的作用。实验表明,低气压下阴极材料对击穿电压有一定的影响,但大气压力下空气中实测得到的击穿电压和阴极材料无关。以自然界的雷电为例,它发生在雷云之间或雷云与大地之间,这时不存在金属阴极。

【例 1-15】　汤逊理论认为,放电从非自持过渡到自持放电取决于(　　)。

A. 光电子发射　　　　　　　　　　　　B. 空间光电离

C. 热电离　　　　　　　　　　　　　　D. 二次电子发射

【例 1-16】　解释气压较低、距离较小的间隙中气体放电过程可用(　　)。

A. 流注理论　　　　　　　　　　　　　B. 汤逊理论

C. 巴申定律　　　　　　　　　　　　　D. 小桥理论

【例 1-17】　虽然电场不均匀,但还不能维持稳定的电晕放电,一旦达到自持,必然会导致整个间隙立即击穿的电场称为(　　)。

A. 均匀电场　　　　　　　　　　　　　B. 稍不均匀电场

C. 极不均匀电场　　　　　　　　　　　D. 强垂直分量电场

【例 1-18】　(　　)伴随着游离而存在着复合和反激励,发出大量的光辐射,在黑暗中可以看到在该电极附近空间发出蓝色的晕光。

A. 局部放电　　　　B. 电晕放电　　　　C. 刷状放电　　　　D. 电弧放电

【例 1 - 19】　SF$_6$ 组合电器（GIS）内的放电现象，可用汤逊理论加以解释。（　　）

A. 正确　　　　　　　　　　　　B. 错误

6. 巴申定律的本质

间隙击穿电压是气压与间隙长度乘积的函数 $U_b = f(pd)$。巴申定律是通过实验总结出来的规律，比汤逊理论提出得早。实验得出均匀电场中空气的巴申曲线如图 1 - 8 所示。

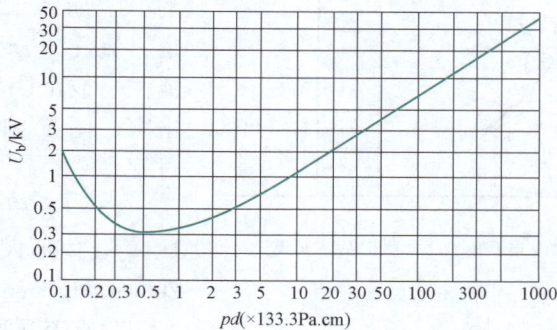

图 1 - 8　均匀电场中空气的巴申曲线

假设 d 保持不变：

（1）当 p 很大时，电子的平均自由行程缩短了，相邻两次碰撞之间电子积聚到足够动能的概率减小了，故击穿电压必然增大。

（2）当 p 很小时，电子在碰撞前积聚到足够动能的概率虽然增大了，但气体很稀薄，电子在走完全程中与气体分子相撞的总次数减到很小，故击穿电压会增大。

巴申定律的应用：采用高真空和高气压可提高间隙的击穿电压。

【例 1 - 20】　采用真空提高绝缘强度的理论依据是（　　）。

A. 汤逊理论　　　　B. 流注理论　　　　C. 巴申定律　　　　D. 小桥理论

7. 流注放电

（1）基本理论。气体放电的流注理论也是以实验为基础的，考虑了高气压、长气隙情况下不容忽视的若干因素对气体放电过程的影响，主要包括以下两方面。

1）空间电荷对原有电场的影响。电子崩头部集中大量正离子和全部电子，这些空间电荷使原电场明显畸变，极大地加强了崩头及崩尾处的电场。电子崩中间区域所产生的复合过程不断辐射出光子，引起光电离。图 1 - 9 给出了空间电荷对原有电场影响的示意。

2）空间光电离的作用。因为电子崩中电荷密度很大，所以复合过程频繁，放射出的光子在崩头或崩尾强电场区很容易引起光电离而形成二次电子崩，二次电子崩的来源是空间电荷引起的电场畸变和光电离。

图 1 - 10 给出了流注形成过程的示意。图 1 - 10 中表示初崩头部放出的光子在崩头前方和崩尾后方引起空间光电离并形成二次崩，以及它们和初崩汇合的流注过程。这些电离强度和发展速度

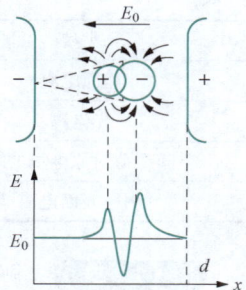

图 1 - 9　空间电荷对原有电场影响的示意

9

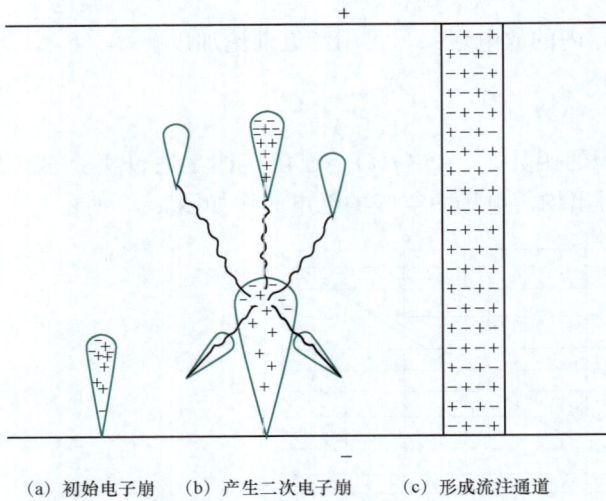

(a) 初始电子崩　　(b) 产生二次电子崩　　(c) 形成流注通道

图 1-10　流注形成过程示意

远大于初始电子崩的新放电区（二次电子崩），以及它们不断汇入初崩通道的过程称为流注。

（2）内容。有效电子（经碰撞游离）→电子崩（畸变电场）→发射光子（在强电场作用下）→产生新的电子崩（二次崩）→形成混质通道（流注）→由阳极向阴极（阳极流注）或由阴极向阳极（阴极流注）击穿。图 1-11 给出了流注的形成过程。

（3）适用范围。长气隙、高气压。pd 值远大于 $26.66\text{kPa} \cdot \text{cm}$（或 $200\text{mmHg} \cdot \text{cm}$）。

（4）流注通道的特点。电离强度大，传播速度快，流注出现条件也是自持放电的条件。

（5）自持放电的条件。$e^{ad} \approx 10^8$ 或 $ad \approx 20$。就是初崩头部的空间电荷数量必须达到某一临界值。

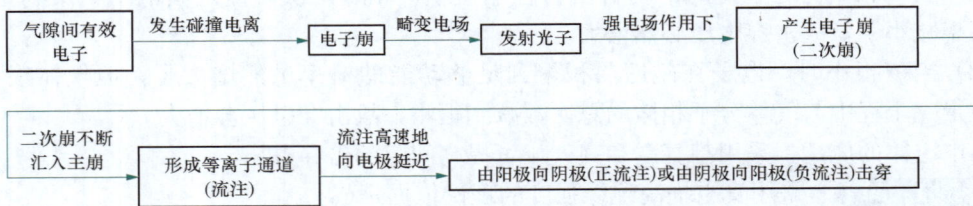

图 1-11　正负流注的形成过程

8. 汤逊理论与流注理论的对比

这两种理论各适用于一定条件下的放电过程，不能用一种理论来取代另一种理论。表 1-1 中列出了汤逊理论和流注理论的比较。

表 1-1　　　　　　　　　　　　汤逊理论与流注理论的比较

类型	汤逊理论	流注理论
碰撞电离	放电主要原因	放电主要原因
光电离	不考虑	放电主要原因
空间电荷对原电场的畸变	不考虑	考虑
阴极表面电离	气体放电的必要条件	不考虑

【例 1-21】　解释气压较高、距离较长的间隙中气体放电过程可用（　　　）。

A. 汤逊理论　　　　　B. 流注理论　　　　　C. 巴申定律　　　　　D. 小桥理论

【例 1-22】　【相关真题】（多选）气体放电流注理论的基本观点有（　　　）。

A. 空间电荷畸变电场分布

B. 空间光电离产生二次电子崩

C. 阴极表面电子光发射维持放电发展

D. 适用于高气压、长空气间隙气体放电

【例 1-23】　在大气条件下，流注理论认为放电发展的维持是靠（　　）。

A. 碰撞电离的电子
B. 光电离的光子

C. 热电离的离子
D. 表面电离的电子

注意，pd 很小，即压力很小或间隙距离很短时，电子崩过程中散发出来的光子不易为气体吸收而容易到达阴极，引起表面电离。金属表面光电离比气体空间光电离容易。此外，气压低时带电质点容易扩散，电子崩头部电荷密度不容易达到足够的数值。所以在流注出现之前就已可由阴极上的过程导致自持放电了。这就是汤逊理论所描述的放电形式。随着 pd 值的增加，电子崩散发出来的光子越来越多地为气体所吸收，而达不到阴极，因此难以靠阴极上的过程维持自持放电，而随着场强的增加，空间光电离越来越强烈，于是放电就转入流注形式了。如前所述，一般认为当 $pd>200\mathrm{mmHg\cdot cm}$ 时，空气中放电就将由汤逊理论形式过渡为流注理论形式了。

1.2.3　非均匀电场中的放电特性　A 类考点

1. 不均匀电场的概念

（1）电场不均匀系数。为了表示各种结构的电场不均匀程度，引入一个电场不均匀系数 f，有

$$f=\frac{E_{\max}}{E_{av}}$$

（2）电场形式。实际电力设施中常见的是极不均匀电场，不过按电场的不均匀程度可分为均匀电场、稍不均匀电场和极不均匀电场。表 1-2 列出了不同电场形式的典型代表。

表 1-2　　　　　　　　　电场形式的典型代表

电场形式	f 值	典型代表
均匀电场	$f=1$	均匀无限大电容板间隙
稍不均匀电场	$1<f<2$	同轴间隙、球间隙
极不均匀电场	$f>4$	板—棒、棒—棒

2. 电晕放电

（1）过程。极不均匀电场气隙击穿的第一阶段放电，电晕放电是极不均匀电场自持放电现象，产生声、光、热效应及电磁干扰，从而消耗能量。

【例 1-24】　（　　）是由电晕电极伸出的明亮而细的断续的放电通道，电流增大，间隙仍未被击穿。

A. 局部放电　　　B. 刷状放电　　　C. 电晕放电　　　D. 电弧放电

【例 1-25】　（　　）是贯通两电极的明亮而细的断续的放电通道，火花放电间歇地击穿间隙。

A. 火花放电　　　B. 刷状放电　　　C. 电晕放电　　　D. 电弧放电

11

（2）状态。极不均匀电场中特有的气体自持放电现象。不均匀电场中，气隙上电压升高至某一临界值时，在曲率半径较小的尖电极附近空间，局部场强将首先达到引起强烈游离的数值，在这局部区域内形成自持放电。

（3）起晕电压。能够引起电晕的电压称为起晕电压，起晕电压与电极的曲率半径有关，曲率半径越小、起晕电压越低。均匀电场起晕电压基本等于击穿电压，非均匀电场中起晕电压小于击穿电压。

（4）电晕放电的利用。

1）电晕可削弱输电线上雷电冲击或操作冲击波的幅值和陡度。

2）利用电晕放电来改善电场分布。

3）利用电晕原理制造除尘器、静电涂喷装置、臭氧发生器等。

【例 1-26】 【相关真题】电晕放电是极不均匀电场中所特有的一种自持放电现象。（ ）

A. 正确   B. 错误

（5）电晕的危害。在进行超高压或特高压架空线路设计时，线路电晕往往成为导线选择、线路走廊宽度划定的决定性因素。

1）电晕放电所引起的光、声、热等效应，即使空气发生化学反应也会消耗一些能量。电晕损耗是超高压和特高压架空线路设计时必须考虑的因素。

2）在电晕放电中会产生无线电干扰和电视干扰。

3）电晕放电还会产生可闻噪声，更有可能超出环境保护所允许的标准。

（6）电晕的防止。

1）限制或降低导线（导体）表面电场强度：工程上采用分裂导线；改进电极形状，增大电极的曲率半径，表面光滑。

2）实质：增加导线等效半径，减小电场不均匀程度。

3）分裂导线的另一个作用：克服集肤效应，提高线路的输电能力。

【例 1-27】 （多选）超高压架空线路中，采用分裂导线的目的是（ ）。

A. 增大导线等效半径   B. 提高线路的输电能力

C. 减小线路的单位长度电抗   D. 减小线路的电晕放电

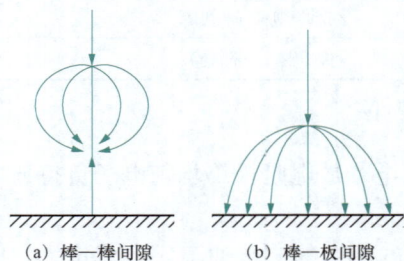

(a) 棒—棒间隙   (b) 棒—板间隙

图 1-12　极不均匀电场分布情况

3. 极性效应

同一个不对称极不均匀电场中，改变电极的正负，其击穿电压发生明显变化，这种现象称为极性效应。极不均匀电场中的放电存在明显的极性效应，即放电的发展过程、气隙的电气强度、击穿电压等都与电极的极性有关。图 1-12 给出了棒—棒间隙和棒—板间隙的极不均匀电场分布情况。

（1）极不均匀电场中的极性确定。

1）两电极几何形状不同时，极性取决于曲率半径较小的那个电极电位符号，如棒—板气隙。

2）两电极几何形状相同时，极性取决于不接地的那个电极上的电位符号，如棒—棒气隙。

（2）电场越不均匀，气隙的起晕电压、击穿电压均越低。

（3）棒—板极性效应比较。

棒为正极性时，不容易发生起晕放电，但是起晕以后击穿电压很低；棒为负极性时，容易发生起晕放电，但是起晕以后击穿电压比较高。表 1 - 3 给出了棒—板间隙极性不同时起晕电压和击穿电压的比较。

表 1 - 3 　　　　　　　　　　　　　　棒—板间隙极性比较

起晕电压	击穿电压
正棒—负板＞负棒—正板	负棒—正板（10kV/cm）＞正棒—负板（4.5kV/cm）

1）正棒—负板。由于棒极附近积聚起正空间电荷，削弱了电离，使电晕放电难以形成，造成电晕起始电压提高；由于棒极附近积聚起正空间电荷在间隙深处产生电场加强了朝向阴极板的电场；有利于流注的发展，因此降低了击穿电压。

2）负棒—正板。由于棒附近正空间电荷产生附加电场加强了朝向棒端的电场强度，容易形成自持放电，因此其电晕起始电压较低；在间隙深处，正空间电荷产生的附加电场与原电场方向相反，使放电的发展比较困难，因而击穿电压较高。图 1 - 13 给出了正棒—负板和负棒—正板气隙中电场的畸变情况。

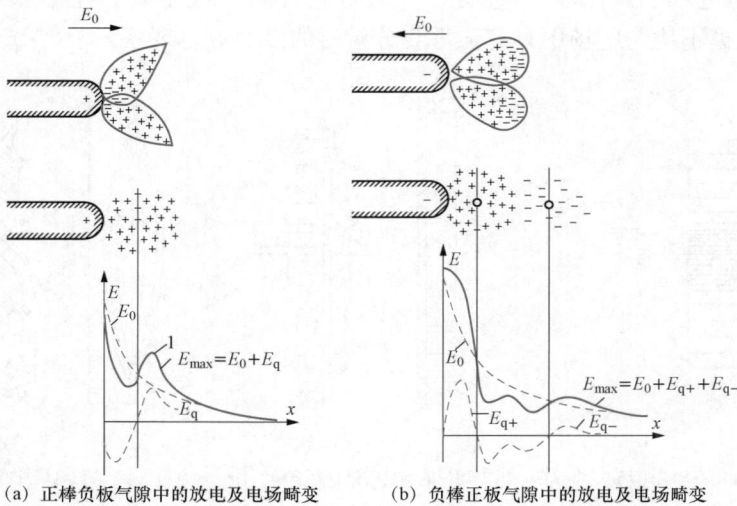

(a) 正棒负板气隙中的放电及电场畸变　　(b) 负棒正板气隙中的放电及电场畸变

图 1 - 13　极不均匀电场中的放电

（4）在直流电压作用下，棒—棒气隙极性效应不太明显，击穿电压介于正棒—负极与负棒—正板之间，击穿场强约为 5kV/cm。

4. 长间隙的击穿过程

当间隙距离较长（如棒—板间隙距离大于 1m 时），在流注通道还不足以贯通整个间隙的情况下，仍可能发展起击穿过程。这时候流注通道发展到足够长时，将有较多的电子沿通道流向电极，通过通道根部的电子最多，于是流注根部温度升高，出现热电离过程，这个具有热电离过程的通道称为先导通道。先导头部的流注发展到极板时，立即又有一个放电过程从极板向棒极反向发展，称为主放电阶段。极不均匀长间隙放电包括先导放电过程，而短间隙没有先导放电阶段。

【例 1 - 28】 【相关真题】（多选）正棒—负板和负棒—正板这两类不均匀电场气体放电过程中起晕电压 U_c 和击穿电压 U_b 的关系描述，正确的是（　　）。

A. $U_c(+) > U_c(-)$　　　　　　　　　　　B. $U_c(+) < U_c(-)$

C. $U_b(+) > U_b(-)$　　　　　　　　　　　D. $U_b(+) < U_b(-)$

【例 1 - 29】 下列空气间隙中，直流击穿电压较高的是（　　）。

A. 负棒—正板　　　　B. 棒—棒　　　　C. 正棒—负板　　　　D. 板—板

1.2.4　沿面放电　A类考点

1. 沿面放电基本概念

（1）沿面放电。沿着固体介质表面的气体发生的放电，且放电电压比纯空气间隙的放电电压低得多。

（2）闪络。若沿面放电发展到贯穿两极的现象称为闪络。

（3）滑闪放电。极不均匀电场中具有强垂直分量的沿面放电的特有形式。

2. 沿面放电的类型与特点

根据界面电场分布的不同特点，如图 1 - 14 所示，可分为以下 3 种典型情况，分别为均匀和稍不均匀电场、极不均匀电场具有强垂直分量、极不均匀电场具有弱垂直分量。图 1 - 15 给出了极不均匀电场中具有强垂直分量时的沿面放电现象。

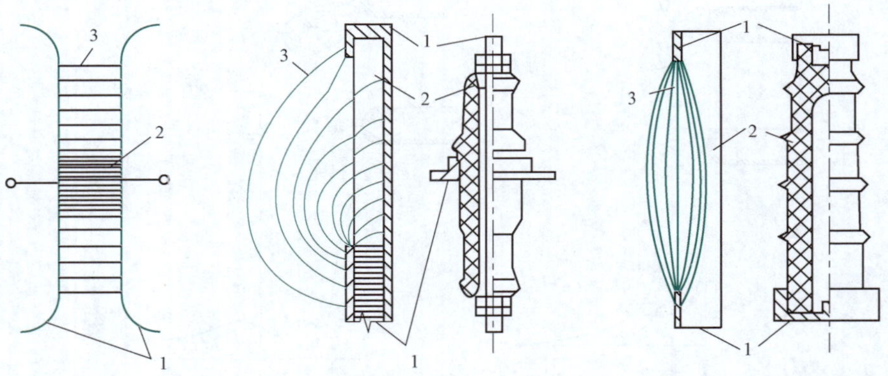

（a）均匀和稍不均匀电场　　　（b）极不均匀电场具有强垂直分量　　　（c）极不均匀电场具有弱垂直分量

图 1 - 14　界面电场分布

1—电极；2—固体介质；3—电力线

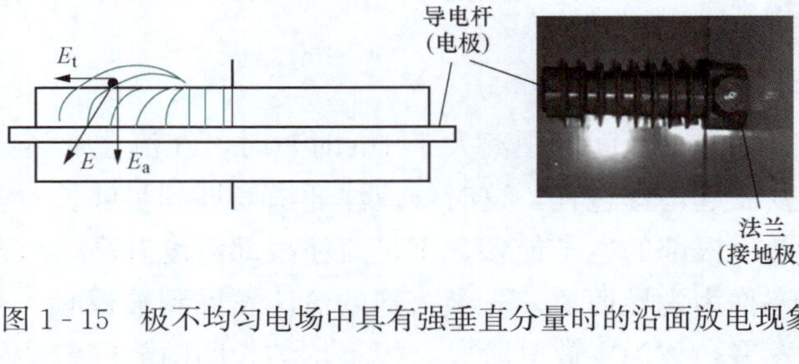

图 1 - 15　极不均匀电场中具有强垂直分量时的沿面放电现象

（1）均匀与稍不均匀电场中的沿面放电。界面与电力线平行，但沿面闪络电压仍要比空气间隙的击穿电压低很多。大气中的潮气对闪络电压有影响，影响程度与介质表面吸附水分的性能有关，亲水性材料（电瓷、玻璃等）影响较大；憎水性材料（石蜡、硅橡胶等）影响较小。此外，离子的移动和电荷的积累都是需要时间的，所以当介质表面受潮时，在工频电压下闪络电压降低较多，而在雷电冲击电压下降低得很少。固体介质表面电阻的不均匀和表面的粗糙不平也会造成沿面电场畸变。

1）亲水性。材料在空气中与水接触时能被水润湿的性质。

2）憎水性。材料在空气中与水接触时不能被水润湿的性质。

由图 1-16 可知，在材料、水和空气的交点处，沿水滴表面的切线与材料表面所成的夹角（称润湿角）$\theta \leqslant 90°$，材料呈现亲水性；若 $\theta > 90°$，则材料呈现憎水性。

（2）极不均匀电场具有强垂直分量时的沿面放电（套管）。

1）极不均匀电场具有强垂直分量时的沿面放电（套管型）发展特点。

2）放电过程：电晕放电、细线状辉光放电、滑闪放电、闪络放电。图 1-17 给出了极不均匀电场中具有强垂直分量的沿面放电发展过程。

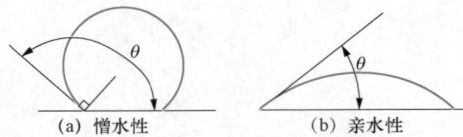

图 1-16 不同材料的润湿角

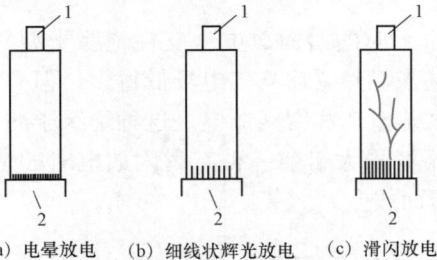

图 1-17 极不均匀电场放电过程
1—电板；2—法兰

3）滑闪放电条件：电场交变（交流）、电场极不均匀、电场具有强垂直分量。

4）滑闪放电机理：带电粒子撞击介质表面，使局部温度升高，导致热电离。达到滑闪放电这个阶段后，电压的微小升高就会导致火花的急剧伸长，所以电压再升高一些，放电火花就将到达另一电极完成表面气体的完全击穿，称为沿面闪络。

法兰附近沿介质表面电流密度最大，电位梯度也最大，因此最先出现初始的沿面放电。在电场强垂直分量的作用下，带电质点撞击介质表面，引起局部温升，导致热电离，从而带电质点剧增，电阻剧降，通道迅速增长。注意，热电离是滑闪放电的重要特征和条件。图 1-18 为套管的等值电路图，其中 R 为套管的体积电阻，C 为套管的比电容，r 为套管的表面电阻。

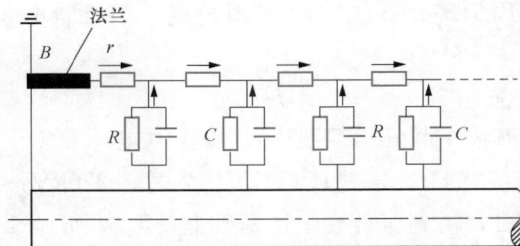

图 1-18 套管等值电路

提高滑闪放电电压措施：

笔记

影响滑闪放电因素分析：

笔记

（3）极不均匀电场具有强切线分量（弱垂直分量）时的沿面放电（支柱绝缘子型）。此时固体介质处于极不均匀电场中，因而其平均闪络场强显然要比均匀电场低得多；但另一方面，由于界面上的电场垂直分量很弱，因而不会出现热电离和滑闪放电。这种绝缘子的干闪络电压基本上随极间距离的增大而提高，其平均闪络场强大于前一种有滑闪放电时的情况。图 1-19 给出了极不均匀电场中具有弱垂直分量的沿面放电。

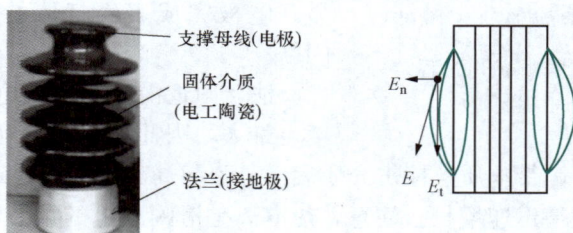

图 1-19　极不均匀电场具有强切线分量（弱垂直分量）时的沿面放电

（4）闪络电压。U_f（均匀场）$>U_f$（极不均匀场、弱垂直分量）$>U_f$（极不均匀场、强垂直分量）。

3. 绝缘子串的电压分布

（1）绝缘子串片数。海拔 1000m 以下地区，操作过电压及雷电过电压要求的悬垂绝缘子串绝缘子片数最小值：35kV：3 片；110kV：7 片；220kV：13 片；330kV：17 片；500kV：25 片；750kV：32 片。耐张杆在上述基础上一般增加 1～2 片。绝缘子串的电压分布如图 1-20 所示。

（2）一般地，$C \gg C_E > C_L$，由于 C_E 与 C_L 的存在，使得交流下沿绝缘子串的电压分布不

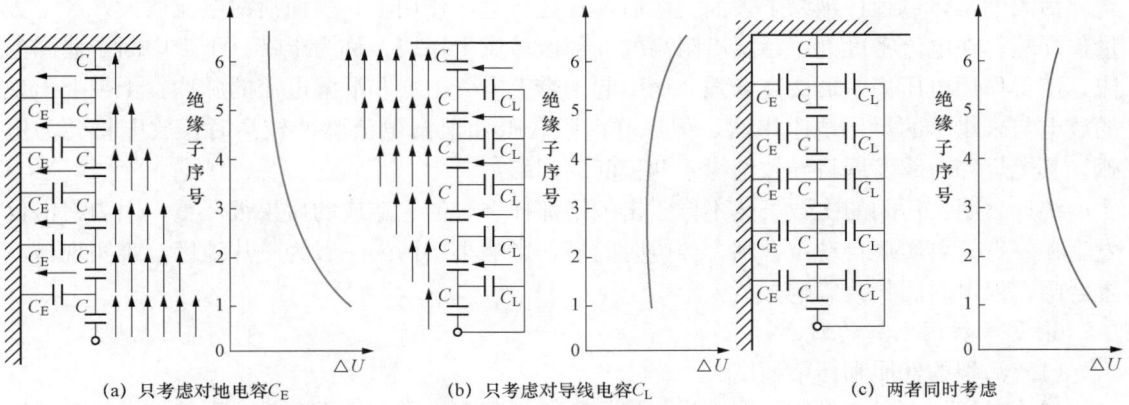

(a) 只考虑对地电容 C_E　　　　(b) 只考虑对导线电容 C_L　　　　(c) 两者同时考虑

图 1-20　绝缘子串的电压分布

均匀，呈 U 形分布，且靠近导线的绝缘子承受的电压较高。

1）绝缘子串的片数越多，电压分布越不均匀。

2）靠近导线端第一个绝缘子电压降较高，易产生电晕放电。在工作电压下，不允许产生电晕，故对 330kV 及以上电压等级靠近导线端考虑使用均压环。

4. 沿面放电的影响因素

（1）固体介质特性。工频闪络电压的高低主要取决于该固体材料的亲水性或憎水性。

（2）电场类型。界面电场的分布情况。

（3）气体状态的影响。气体压力和湿度对沿面放电电压有显著影响。

（4）介质表面情况的影响。输电线路和变电站中站用的绝缘子大多在户外运行，因而其表面在运行中会受到雨、露、霜、雾、雪、风等的侵袭和大气中污秽物质的污染，其结果是沿面放电电压显著降低。

5. 大气条件对沿面闪络的影响

（1）干闪。表面清洁、干燥的绝缘子，电压达到一定阈值时发生的闪络。

（2）湿闪。表面洁净的绝缘子在淋雨时可能发生闪络，闪络电压称为湿闪电压。图 1-21 所示绝缘子在雨下有 3 种可能的闪络途径。

1）沿着湿表面 AB 和干表面 BCA′ 发展。

2）沿着湿表面 AB 和空气间隙 BA′ 发展。

3）沿着湿表面 AB 和水流 BB′ 发展。

在设计绝缘子时，为了保证它们有较高的湿闪电压，对各级电压的绝缘子应有的伞裙数、伞的倾角、伞裙直径、伞裙伸出长度与伞裙间气隙长度之比均应仔细考虑、合理选择。

（3）污闪。绝缘子表面污秽时的沿面放电，绝缘子的污闪是一个受到电、热、化学、气候等多方面因素影响的复杂过程，覆盖在绝缘子表面的污秽层受潮后变成导电层，最终引发局部

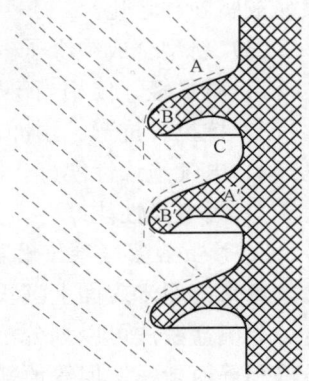

图 1-21　棒形支柱绝缘子在雨下可能的闪络途径

电弧发展到整个沿面闪络，称为污闪。是一种需要一定时间和一定电能聚集下的一种热击穿过程。通常可分为积污、受潮、干区形成、局部电弧的出现和发展等 4 个阶段。

污闪的具体过程：绝缘子表面受潮后，在运行电压作用下，表面泄漏电流增大，产生大量焦耳热。在电流密度大、污层电阻高的局部区域烘干污层，称为干带。干带中断了泄漏电流，使得作用电压集中形成高场强，而引起干带上空气击穿和泄漏电流的脉冲。干带上出现的放电与未烘干的污层电阻串联，但串联电阻较低而泄漏电流脉冲较高时，放电将转为电弧，其燃烧和持续发展将导致绝缘子两极间的闪络。

统计表明：污闪的次数虽然不像雷击闪络那样多，但它造成的后果很严重。因为雷击仅发生在一点，可实现自动重合闸，停电时间短，影响小；污闪一般为一片地区，难实现自动重合闸，停电时间长，影响大。

6. 影响污闪电压的因素

（1）污秽的性质和污染程度。

（2）湿润的方式。最容易发生污闪的气象条件是雾、露、融雪和毛毛雨等，这些条件下污层易达到饱和湿润的状态，但不易被冲洗掉。

（3）泄漏距离（爬电距离）。绝缘子的泄漏距离是影响污闪电压的重要因素。

（4）外施电压的种类。污闪是局部电弧不断拉长的过程，因此电压作用时间越短就越不容易导致闪络。

7. 防止污闪措施

（1）增大爬电距离（增大泄漏距离）。

爬电比距（简称爬距），是指外绝缘相—地之间的爬电距离与系统最高工作线电压之比。这一指标用来表示污染外绝缘的绝缘水平。

耐张型绝缘子增加片数；悬式绝缘子采用爬距较长的耐污型绝缘子或改用 V 形串。

（2）定期或不定期的清扫。用干布擦拭或高压水枪清洗。

（3）涂料。用得较多的憎水性涂料为硅油或硅脂，但有效期较短。近年采用室温硫化硅橡胶涂料（RTV）有效期更长，效果理想。

（4）半导体釉绝缘子。这种绝缘子釉层的表面电导率较高，在运行中因通过电流而发热，使表面始终保持干燥，同时使表面电压分布较均匀，从而能保持较高的闪络电压，但釉层易被腐蚀和老化。

（5）新型合成绝缘子。

1）质量轻，仅相当于瓷绝缘子的 1/10 左右。

2）抗拉、抗弯、耐冲击负荷等机械性能都很好。

3）电气绝缘性能好，特别是在严重污染和大气潮湿的情况下的绝缘性能十分优异。

4）耐电弧性能好。

8. 等值盐密（等值附盐密度）

每平方厘米表面上沉积的等效氯化钠（NaCl）的毫克数，用来表征绝缘子表面的污秽度。等值盐密法可以划分污秽等级，我国按三方面划分污区等级（污秽等级）：污源，气象条件和等值盐密。但等值盐密法不能反映污秽成分，不能反映非导电物质的含量。

GB/T 26218—2010《污秽条件下使用的高压绝缘子的选择和尺寸确定》中，给出了线路和发电厂、变电站污秽分级标准，见表 1-4。

表 1 - 4　　　　　　　　　　　线路和发电厂、变电站污秽等级

污秽等级	污湿特征	盐密（mg/cm²）	
		线路	发电厂、变电站
0	大气清洁地区及离海岸盐场 50km 以上无明显污染地区	≤0.03	—
I	大气轻度污染地区，工业区和人口低密集区，离海岸盐场 10～50km 地区，在污闪季节中干燥少雾（含毛毛雨）或雨量较多时	>0.03～0.06	≤0.06
II	大气中等污染地区，轻盐碱和炉烟污秽地区，离海岸盐场 3～10km 地区，在污闪季节中潮湿多雾（含毛毛雨），但雨量较少时	>0.06～0.10	>0.06～0.10
III	大气污染较严重地区，重雾和重盐碱地区，近海岸盐场 1～3km 地区，工业与人口密度较大地区，离化学污源和炉烟污秽 300～1500m 的较严重污秽地区	>0.10～0.25	>0.10～0.25
IV	大气特别严重污染地区，离海岸盐场 1km 以内，离化学污源和炉烟污秽 300m 以内的地区	>0.25～0.35	>0.25～0.35

9. 绝缘子的电气性能

绝缘装置的实际耐压能力并非取决于固体介质部分的击穿电压，而是取决于它的沿面闪络电压，因此后者在确定输电线路和变电站外绝缘的绝缘水平时起到决定性作用。

通常，干闪电压最高，污闪电压最低。

【例 1 - 30】　沿着固体介质表面发生的气体放电称为（　　）。
A. 电晕放电　　　　B. 沿面放电　　　　C. 火花放电　　　　D. 余光放电

【例 1 - 31】　污闪过程通常依次可分为积污、干区形成、受潮、局部电弧的形成和发展等 4 个阶段（　　）。
A. 正确　　　　　　　　　　　　B. 错误

【例 1 - 32】　以下哪种材料具有憎水性？（　　）
A. 硅橡胶　　　　B. 电瓷　　　　C. 玻璃　　　　D. 金属

【例 1 - 33】　在设备正常工作电压下就能发生的闪络是（　　）。
A. 干闪　　　　B. 湿闪　　　　C. 污闪　　　　D. 三者都能

【例 1 - 34】　【相关真题】表征绝缘子表面污秽度的等值盐密是指（　　）。
A. 每平方厘米表面上沉积等效氯化钠的克数
B. 等效氯化钠的克数
C. 每平方米表面上沉积等效盐的克数
D. 每平方厘米表面上沉积等效氯化钠的毫克数

【例 1 - 35】　（多选）下列哪几种情况容易出现污闪放电？（　　）
A. 烈日晴空　　　　B. 倾盆大雨　　　　C. 大雾弥漫　　　　D. 毛毛细雨

1.2.5　不同电压形式下的放电特性与放电时间　A 类考点

1. 电压分类

电压的类型包括稳态电压和冲击电压。其中，稳态电压包括直流电压与工频交流电压。冲击电压，即变化很快，时间很短的电压，包括雷电冲击电压和操作冲击电压。

2. 冲击电压波形

（1）标准雷电波形。非周期性双指数波。雷云放电引起的大气过电压的波形是随机的，但在实验室中用冲击电压发生器产生冲击电压来模拟雷电过电压时必须采用标准波形，使不同实验室的试验结果可以相互比较。

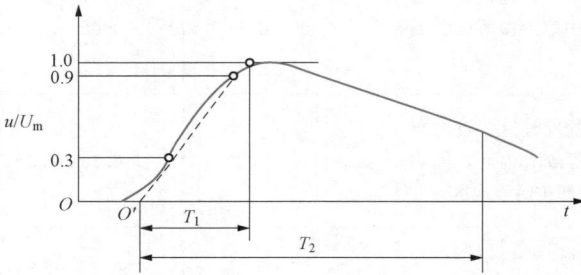

图 1-22　标准雷电波形

T_1—视在波前时间；T_2—视在半峰值时间；U_m—冲击电压峰值

参数：波前时间 1.2（1±30%）μs，半峰值时间 50（1±20%）μs。对不同极性的标准雷电波形可表示为 +1.2μs/50μs，-1.2μs/50μs。标准雷电冲击电压波形如图 1-22 所示。

（2）雷电截波。用来模拟雷电过电压引起气隙击穿或外绝缘闪络后所出现的截尾冲击波。有时比全波更严酷，波形参数：1.2μs/（2~5）μs。标准雷电冲击截波波形如图 1-23 所示。

（3）操作冲击电压波。非周期性双指数波。

参数：波前时间 T_{cr}=250μs，允许误差为 ±20%；半峰值时间 T_2=2500μs，允许误差为±60%，峰值允许误差为±3%。标准操作冲击电压波形如图 1-24 所示。

3. 气隙击穿需要的条件

（1）足够大的电场强度或足够高的电压。

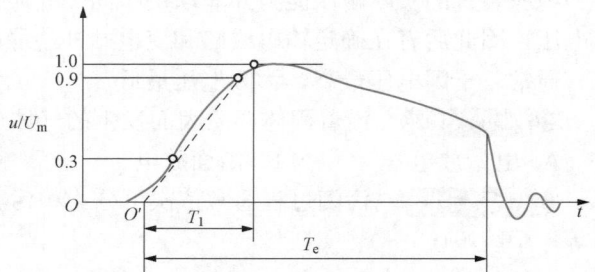

图 1-23　雷电截波波形

T_1—波前时间；T_e—截断时间；U_m—雷电冲击电压截波峰值

（2）在气隙中产生能够引起电子崩并导致流注和主放电的有效电子。

（3）放电维持一定时间并发展为击穿。

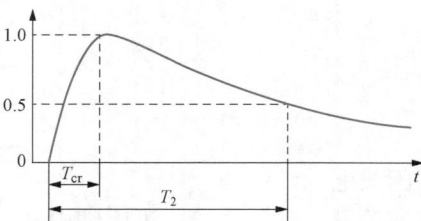

图 1-24　操作冲击电压波形

4. 气隙击穿所需时间

气隙击穿所需时间分以下 3 部分。

（1）冲击电压作用下气隙击穿所需时间 $t=t_0+t_s+t_f$。

1）升压时间 t_0：电压从 0 升高到静态击穿电压 U_0 所需的时间。

2）统计时延 t_s：从电压达到 U_0 的瞬间起到气隙中形成第一个有效电子为止的时间。

3）放电形成时延 t_f：从形成第一个有效电子的瞬间起到气隙完全被击穿为止的时间。图 1 - 25 给出了冲击电压作用下气隙击穿所需的 3 部分时间。

（2）影响平均统计时延的因素。①电极材料；②外施电压；③短波光照射；④电场情况。

（3）影响放电发展时间的因素。①间隙长度；②电场均匀度；③外施电压。

5. 伏秒特性曲线

在同一波形、不同幅值的冲击电压作用下，间隙上出现的电压最大值和放电时间的关系曲线称为间隙的伏秒特性曲线。

图 1 - 25　气隙击穿时间

（1）用实验确定气隙伏秒特性的方法（见图 1 - 26）：保持冲击电压的波形不变，逐渐升高冲击电压的峰值，使气隙发生击穿，并用示波图录下击穿电压与击穿时间。

（2）工程上常用来表征间隙在冲击电压下的击穿特性。

（3）一切气隙的伏秒特性最后都将趋于平坦（击穿电压不再受放电时间的影响）。

（4）伏秒特性的意义如下。

1）全面反映间隙在冲击电压作用下的击穿特性。

2）电力系统防雷设计中绝缘配合的依据。

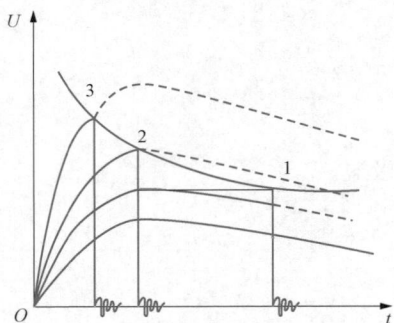

图 1 - 26　伏秒特性曲线

（5）冲击系数 β。$U_{50\%}$ 冲击放电电压与静态放电电压的比值称为绝缘的冲击系数。

$$\beta = \frac{U_{50\%}}{U_0}$$

（6）曲线的配合。保护设备的伏秒特性应完全位于被保护设备伏秒特性的下面。

1）保护设备绝缘的伏秒特性曲线的上包线始终低于被保护设备的伏秒特性曲线的下包线。

2）保护设备绝缘的伏秒特性曲线应平坦一些，即采用电场比较均匀的绝缘结构。

图 1 - 27 给出了被保护设备（电气设备绝缘）和保护设备（避雷器）伏秒特性的正确与错误配合。

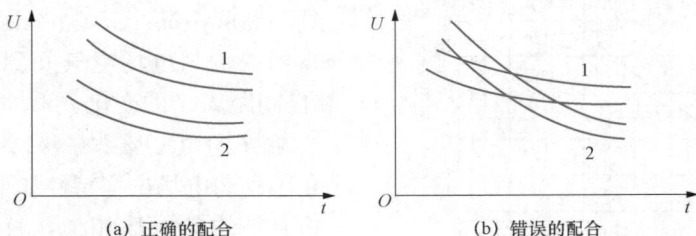

(a) 正确的配合　　　　　　(b) 错误的配合

图 1 - 27　电气设备绝缘的伏秒特性和避雷器的伏秒特性

【例 1-36】 雷电冲击波形的特点是（　　）。

A. 缓慢上升，平缓下降　　　　　　　B. 缓慢上升，快速下降

C. 迅速上升，平缓下降　　　　　　　D. 迅速上升，快速下降

【例 1-37】 冲击系数是（　　）放电电压与静态放电电压之比。

A. $U_{25\%}$　　　　　B. $U_{50\%}$　　　　　C. $U_{75\%}$　　　　　D. $U_{100\%}$

1.3　气体介质的电气强度

气隙击穿特性的影响因素：

笔记

1.3.1　均匀和稍不均匀电场气隙的击穿特性　B类考点

1. 均匀电场中

电极布置是对称的，不存在极性效应，击穿所需时间极短。

2. 均匀电场气隙击穿特性

均匀电场气隙击穿特性如下。

（1）电极布置对称。

（2）击穿所需时间短。

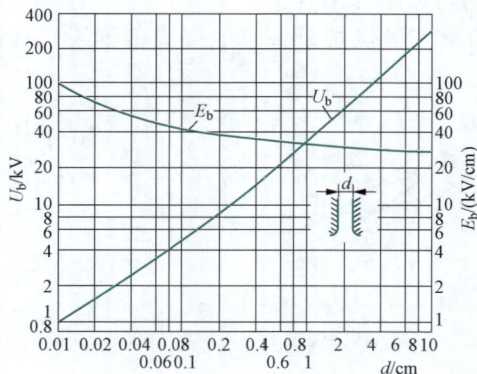

图 1-28　均匀电场空气间隙的击穿电压峰值 U_b 和极间距离 d 的变化关系图

（3）直流击穿电压、工频击穿电压、$U_{50\%}$冲击击穿电压相同；$\beta=1$；击穿分散性小。

3. 空气在均匀电场击穿场强

约为 30kV/cm（$d\leqslant10$cm）。图 1-28 为实验所得到的均匀电场空气间隙的击穿电压峰值 U_b 和极间距离 d 的变化关系。

4. 稍不均匀电场击穿特性

稍不均匀电场击穿特性如下。

（1）与均匀电场相似，直流击穿电压、工频击穿电压、$U_{50\%}$冲击电压基本相等，$\beta\approx1$。

（2）稍不均匀电场中的击穿电压与电场均匀程度关系极大。电场越均匀，同样间隙的击

穿电压就越高。

5. 工程上常见的稍不均匀电场形式有球—球、同轴圆筒等

（1）球间隙。图 1 - 29 给出球间隙的直径不同时，球间隙击穿电压峰值与球间距离的变化关系。

1）$d < D/4$ 时，由于周围物体对球间隙中的电场分布影响很小，且电场相当均匀，因而其直流、工频交流及冲击电压下的击穿电压大致相同。

2）$d > D/4$ 时，电场不均匀度增大，大地对球间隙中电场分布的影响加大，因而平均击穿场强变小，击穿电压的分散性增大。

为了保证测量精度，球间隙测压器一般应在 $d \leqslant D/2$ 的范围内工作，否则因放电分散性增大，不能保证测量的精度。

（2）同轴圆柱电极。高压标准电容器、单芯电缆及 GIS 的分相封闭母线等都属于这类电极布置。

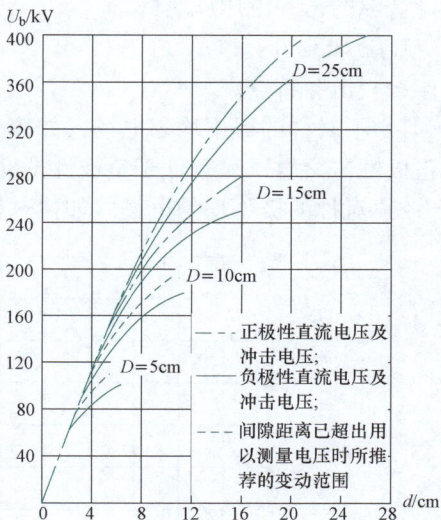

图 1 - 29　不同直径的球间隙击穿电压峰值与球间距离的变化关系图

图 1 - 30 给出同轴圆柱电极的外电极半径 R 固定为 10cm 时，其电晕起始电压 U_c 与击穿电压 U_b 随内电极半径 r 的变化关系。

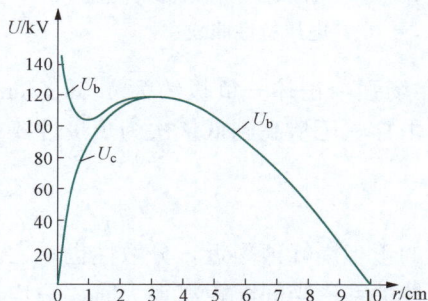

图 1 - 30　同轴圆筒气隙的电晕起始电压和击穿电压与内筒外半径的关系曲线

1）$r/R < 0.1$ 时，气隙属于极不均匀电场，击穿前先出现电晕，且 U_c 的值很低，因此上述电气设备均不涉及在这样的 r/R 范围内运行。

2）$r/R > 0.1$ 时，属稍不均匀电场，击穿前不再有稳定的电晕放电，且由图 1 - 30 可见，当 $r/R \approx 0.33$ 时击穿电压出现极大值。

上述电气设备在绝缘设计时通常将 r/R 之比选取在 $0.25 \sim 0.4$ 的范围内。

【例 1 - 38】　（多选）下列属于均匀电场气隙击穿特性的有（　　　）。

A. 不存在极性效应

B. 直流、工频、冲击电压作用下的击穿电压相同

C. 击穿电压分散性很小

D. 存在稳定的电晕放电现象

【例 1 - 39】　标准大气条件下，均匀电场中空气的电气强度大致等于（　　　）kV/cm。

A. 20　　　　　　　　B. 30　　　　　　　　C. 50　　　　　　　　D. 60

【例 1 - 40】　均匀电场中，存在极性效应（　　　）。

A. 正确　　　　　　　　　　　　　　　　B. 错误

1.3.2　极不均匀电场气隙的击穿特性　A 类考点

在极不均匀电场中，放电分散性较大，且极性效应显著。间隙距离相同时，电场越均

匀，气隙的击穿电压就越高。

1. 直流电压

（1）击穿特点。

1）不对称的极不均匀电场（如棒—板气隙）在直流电压下的击穿具有明显的极性效应，其正极性击穿电压显著低于负极性击穿电压，如图 1-31 所示。

2）对称的极不均匀电场（如棒—棒气隙）的电气强度介于二者之间，如图 1-32 所示。

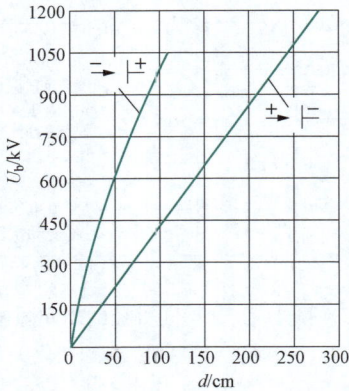

图 1-31　棒—板长气隙的直流
击穿电压特性曲线

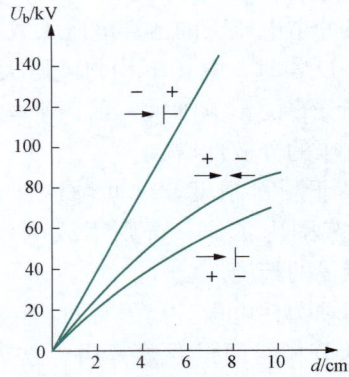

图 1-32　棒—板和棒—棒气隙的直流
击穿电压特性曲线

（2）击穿电压与间隙距离近似成正比，其平均击穿场强：正棒—负板约为 4.5kV/cm，负棒—正板约为 10kV/cm，棒棒电极约为 5.4kV/cm。击穿电压从高到低依次为负极性棒—板＞棒—棒＞正极性棒—板。

2. 工频交流电压

（1）无论棒—棒或棒—板电极，击穿都发生在电压的正半周峰值附近，分散性也不大。

（2）当间隙距离不大时，击穿电压与间隙距离呈线性关系；当间隙距离很大时，平均击穿场强明显降低，即出现"饱和"现象，如图 1-33 所示。

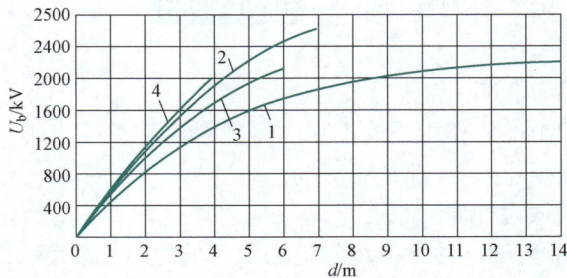

图 1-33　各种长气隙的工频击穿特性曲线
1—棒—板气隙；2—棒—棒气隙；3—导线—杆塔气隙；4—导线—导线气隙

（3）工频电压作用下，棒—板在棒极正极性半周峰值附近先击穿，击穿电压峰值与直流击穿电压相似，棒—棒击穿电压则要高。

（4）除了起始部分外，击穿电压与距离近似成正比，棒板间隙约为 4.8kV/cm，比棒棒

24

电极稍微低一些，但是，当距离大于 2m 后，这种关系将出现明显的饱和现象，平均击穿场强明显降低，棒板间隙尤其严重。

3. 雷电冲击电压

（1）雷电冲击击穿电压与距离成正比，无饱和，如图 1 - 34 所示。

（2）冲击系数通常均显著大于 1，冲击击穿电压的分散性也较大。

（3）棒—板气隙的冲击击穿电压具有明显的极性效应，棒—棒气隙也会出现一定的极性效应，如图 1 - 35 所示。

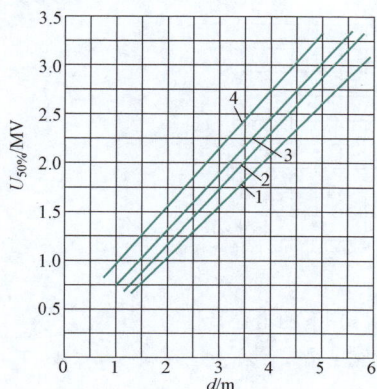

图 1 - 34　棒—板和棒—棒长气隙的
雷电冲击击穿特性

1—棒—板，正极性；2—棒—棒，正极性；
3—棒—棒，负极性；4—棒—板，负极性

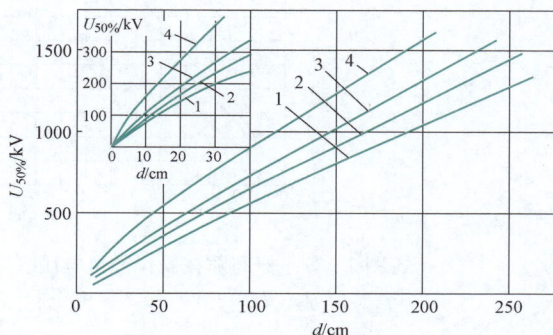

图 1 - 35　间隙的雷电冲击 50％击穿
电压与极间距离的关系

1—棒—板，正极性；2—棒—棒，正极性；
3—棒—棒，负极性；4—棒—板，负极性

4. 操作冲击电压

极不均匀电场长气隙在操作冲击电压下的击穿具有下列特点。

（1）U 形曲线关系。操作冲击电压的波形对气隙的电气强度有很大的影响，图 1 - 36 中的实验结果表明，气隙 50％操作冲击击穿电压 $U_{50\%}$ 与波前时间 T_{cr} 的关系曲线呈 U 形，在某一最不利的波前时间 T_c（可称为临界波前时间）下，$U_{50\%}$ 出现极小值 $U_{50\%min}$。

虽然操作冲击电压的变化速度和作用时间均介于工频交流电压和雷电冲击电压之间，但气隙的操作冲击击穿电压远低于雷电冲击击穿电压，在某些波前时间范围内，甚至比工频击穿电压还要低。

注意，各种类型的作用电压中，往往以操作冲击电压下的电气强度为最小，尤其在长空气间隙中。在确定电力设施的空气间距时，必须考虑这一重要情况。

（2）饱和现象。极不均匀电场长气隙的操作冲

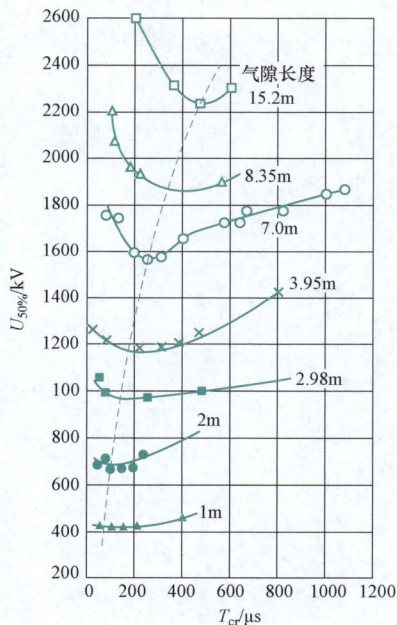

图 1 - 36　棒—板气隙正极性 50％操作
冲击击穿电压与波前时间的关系

25

击击穿特性具有显著的"饱和"特征,如图 1-37 所示。除了负极性棒—棒气隙外,其他棒间隙的操作冲击击穿特性的"饱和"特征也十分明显,而电气强度最差的正极性棒—板气隙的"饱和"现象较为严重,尤其是在气隙长度大于 5～6m 以后。这对发展特高压输电技术来说,是一个极其不利的制约因素。

(3) 极性效应。如图 1-37 所示,电气强度较差的是正极性的棒板气隙。该电极的饱和现象也较为严重。长间隙时呈现"饱和"效应和 U 形关系,对≥330kV 超高压系统的绝缘设计起主要的决定作用。

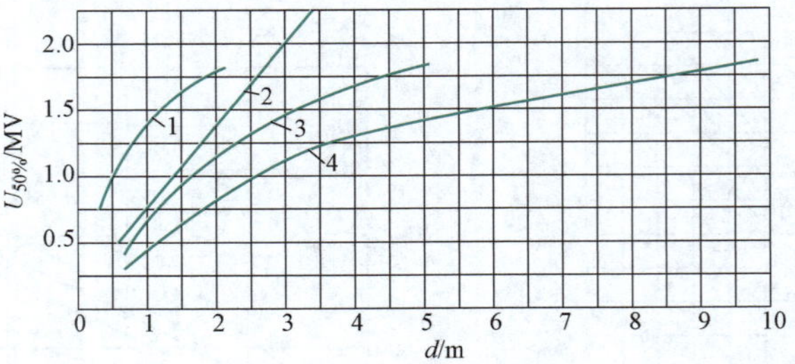

图 1-37 棒间隙在操作冲击电压（500/5000μs）下的击穿特性
1—（一）棒—板；2—（一）棒—棒；3—（＋）棒—棒；4—（＋）棒—板

(4) 分散性大。操作冲击电压下的气隙击穿电压的分散性和放电时间的分散性都比雷电冲击电压下大得多。

【例 1-41】 标准雷电冲击电压波的波形参数是（   ）。

A. 1/10μs
B. 1.2/50μs
C. 100/1000μs
D. 250/2500μs

1.3.3 大气条件对气隙击穿特性的影响   A 类考点

笔记

1. 温度

2. 海拔

3. 气压

4. 湿度

【例 1 - 42】 海拔增加时，气体的放电电压（　　）。

A. 增高　　　　　　B. 降低　　　　　　C. 不变　　　　　　D. 不确定

湿度对气隙击穿电压的影响与电场的形式有关，均匀电场和稍不均匀电场中湿度的影响比较小，极不均匀电场中湿度的影响比较大，其原因是均匀电场中击穿场强较高，电子运动速度较快，水分子不易吸附电子，所以湿度的影响比较小；在极不均匀电场中，平均击穿场强较低，放电形成时延较长，所以湿度的影响就比较明显。

我国的国家标准规定的标准大气条件：①压力 p_0＝101.3kPa（760mmHg）；②温度 t_0＝20℃或 T_0＝293K；③绝对湿度 h_0＝11g/m³。

在实际试验条件下的气隙击穿电压 U 与标准大气条件下的击穿电压 U_0 之间可通过相应的校正因数进行如下换算。

1. 空气密度校正

$$\delta = 2.9\frac{P}{T}$$

式中　P——压力，kPa；

　　　T——温度，K。

气隙的击穿电压 $U＝\delta U_0$，其中 $\delta\in$（0.95～1.05）时，$K_d\approx\delta$。空气密度校正因数：

$$K_d = \left(\frac{P}{P_0}\right)^m \times \left(\frac{273+t_0}{273+t}\right)^n$$

其中，指数 m，n 与电极形状、气隙长度、电压类型及其极性有关。

2. 湿度校正

（1）均匀或稍不均匀电场。湿度的增加而略有增加，但程度极微，可以不校正。

（2）极不均匀电场。由于平均场强较低，湿度增加后，水分子易吸附电子而形成质量较大的负离子，运动速度减慢，游离能力大幅度降低，使击穿电压增大，因此需要校正。

3. 对海拔的校正

对于安装在海拔高于 1000m、但不超过 4000m 处的电力设施外绝缘，如在平原地区进行耐压试验，其试验电压 U 应为平原地区外绝缘的试验电压 U_p 乘以海拔校正因数 K_a，$U＝K_aU_p$。海拔校正因数：

$$K_a = \frac{1}{1.1 - H\times 10^{-4}}$$

式中　H——安装点的海拔，m。

1.3.4　提高气体介质电气强度的措施　B 类考点

1. 影响气体介质电气强度的因素
（1）气隙长度。
（2）电场均匀度。
（3）气体特性（电负性）。
（4）气体参数（气压、温度、湿度、海拔）。
2. 提高气体间隙绝缘强度的方法分为以下两种途径。
提高气体间隙绝缘强度的方法如下。
（1）改善电场分布，使之尽量均匀。

1）改变电极形状。例如，采用屏蔽罩、扩径导线等增大电极曲率半径，或改善电极边缘形状以消除边缘效应。

图 1-38 表明采用不同直径屏蔽球时的效果，例如在极间距离为 100cm 时，采用一个直径为 75cm 的球形屏蔽极就可使气隙的击穿电压提高约 1 倍。

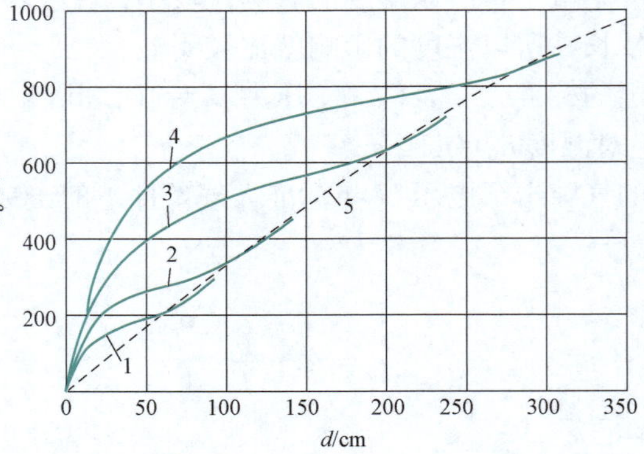

图 1-38　球—板气隙的工频击穿电压有效值与气隙长度的关系

1—球极直径 $D=12.5cm$；2—$D=25cm$；3—$D=50cm$；4—$D=75cm$；5—棒—板气隙（虚线）

2）利用空间电荷对电场的畸变作用：细线效应。

细线效应：当导线直径减小到一定程度以后，越细的导线越容易出现电晕，电晕放电相当于增大了等效半径，因此气隙的工频击穿电压会随导线直径的减小而提高。细线效应只对提高稳态作用下的击穿电压有效，雷电冲击电压下没有细线效应（因为雷电冲击电压作用时间短，空间电荷来不及聚集）。

因此，该措施仅在电压持续作用下才有效，在雷电冲击电压下并不适用。

3）极不均匀电场中采用屏障。在电场极不均匀的空气间隙中，放入薄片固体绝缘材料（如纸或纸板），在一定条件下可以显著地提高间隙的击穿电压，如图 1-39 所示。当屏障与棒极之间的距离约等于间隙距离的 15%～20% 时，间隙的击穿电压提高得最多，可达到无屏障时的 2～3 倍。

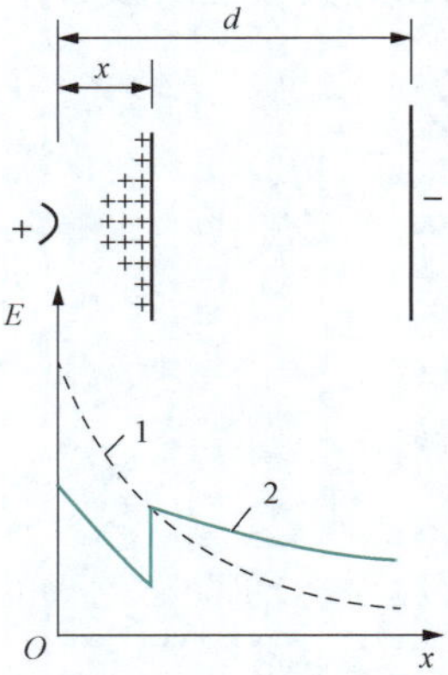

（2）削弱气体游离过程。

1）采用高气压。常压下空气的电气强度要比一般固体和液体介质的电气强度低得多。气体压力提高后，减少了电子的平均自由行程，削弱了碰撞游离的过程。在常压下，空气的电气强度最大值约为 30kV/cm。

2）采用高真空。气体间隙中压力很小时，电子的平均自由行程已增大到极间空间很难产生碰撞游离的程度而显著提高气隙的击穿电压，如真空电容器、真空断路器等。

3）采用高强度气体。SF_6 气体属于强电负性气体，容易吸附电子成为负离子，从而削弱了游离过程，提高压力后可相当于一般液体或固体绝缘的绝缘强度。它是一种无色、无味、无臭、无毒、不燃的不活泼气体，化学性能非常稳定，无腐蚀作用。它具有优良的灭弧性能，其灭弧能力是空气的

图 1-39　在正棒—负板气隙
中设置屏障前后
的电场分布

1—无屏障；2—有屏障

100 倍，故极适用于高压断路器中。图 1 - 40 为不同气压的空气和 SF_6 气体、电工陶瓷、变压器油、高真空等在均匀电场中的击穿电压与极间距离的关系曲线。

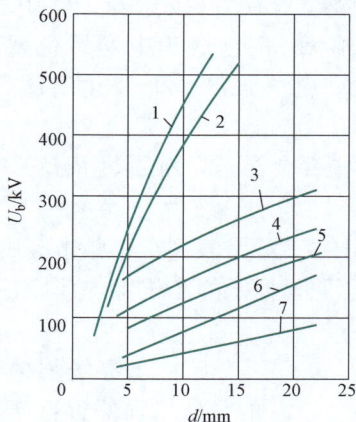

图 1 - 40　某些电介质在均匀电场中的击穿电压与极间距离的关系曲线
1—空气，气压为 2.8MPa；2—SF_6，0.7MPa；3—高真空；4—变压器油；
5—电工陶瓷；6—SF_6，0.1MPa；7—空气，0.1MPa

【例 1 - 43】　下列措施中，对提高气体间隙击穿电压影响不大的是（　　）。

A. 改善电极形状　　　　　　　　　　B. 改善电极材料

C. 采用极间障　　　　　　　　　　　D. 采用压缩气体

【例 1 - 44】　在电场极不均匀的空气间隙中加入屏障后，在一定条件下，可以显著提高间隙的击穿电压，这是因为屏障在间隙中起了（　　）的作用。

A. 隔离电场　　　　　　　　　　　　B. 分担电压

C. 加强绝缘　　　　　　　　　　　　D. 改善电场分布

3. SF_6 气体特性

（1）物理性质。纯净的 SF_6 气体无色、无味、无毒、不燃烧，属惰性气体。在 0.098MPa 压力下，相对于空气的比重为 5.19（6.9/1.29）。现代 SF_6 高压断路器的气压在 0.7MPa 左右，而 GIS 中除断路器外其余部分的充气压力一般不超过 0.45MPa。一般不存在液化问题，只有在高寒地区才需要对断路器采取加热措施或采用 SF_6- N_2 混合气体降低液化温度。

（2）化学性质。SF_6 气体不溶于水和变压器油，在温度低于 800℃ 时仍然为惰性气体，不燃烧，在炽热温度下也不与氢气、氧气、铝、铜及其他许多物质发生作用，水、酸、碱也不会使它分解。

（3）SF_6 气体具有优良的绝缘性能。绝缘强度是空气的 2.5 倍，灭弧性能是空气的 100 倍，在 0.294MPa 压力时的抗电强度就与变压器油相近，并且 SF_6 气体中不含氧气，不存在触头等部位的氧化问题；SF_6 气体中也没有碳元素，使得设备结构在设计上比较自由。

（4）均匀和稍不均匀电场中 SF_6 的击穿。SF_6 在 101.3kPa，20℃ 的条件下，均匀电场中击穿场强约为 88.5kV/cm。灭弧能力大约是空气的 100 倍。

（5）SF_6 气体的温室效应。SF_6 具有极强的温室效应，其温室效应潜值达到 CO_2 的

23500 倍，是《京都议定书》《巴黎协定》等国际公约中明确限制排放的温室效应气体之一。目前，全球每年排放的 SF_6 总量相当于 1.25 亿吨 CO_2 气体，且还在以每年近 10% 的速率继续增长。我国围绕"双碳"（碳达峰、碳中和）目标也在积极推进和执行温室气体减排任务。因此，实现无 SF_6 已成为电网绿色发展迫切需要解决的重要问题。新型环保绝缘气体需同时满足高电气强度、低液化温度、高稳定性、低温室效应、低生物毒性且不可燃的要求。

（6）极不均匀电场中 SF_6 的击穿。注意，SF_6 只用于均匀或稍不均匀电场，不能用于极不均匀电场。

在极不均匀电场中，SF_6 的击穿有异常表现：工频击穿电压随气压的变化曲线存在"驼峰"；驼峰区段内的雷电冲击电压明显低于静态击穿电压，冲击系数可低至 0.6 左右，如图 1-41 所示。

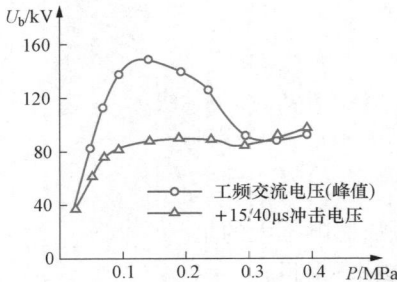

图 1-41 针—球气隙中 SF_6 气体的工频击穿电压与正极性冲击击穿电压的比较

影响击穿场强的其他因素：气体绝缘电气设备的设计场强值远低于理论击穿场强，这是因为有许多影响因素会使它的击穿场强下降。有两种主要的影响因素，即电极表面缺陷、导电微粒。

（7）SF_6 气体作为绝缘介质的优点。SF_6 电气设备检修周期长，维护方便，占用地面和空间体积都小。用 SF_6 气体作为绝缘介质制成的全封闭组合电器，可以包括断路器、隔离开关、接地开关、互感器、母线、避雷器等元件，并且高压带电部分全密封于钢壳之中，无触电危险，提高了运行的安全性。

同时，由于密闭组合，避免了外界环境（如工业污秽、高海拔、冰霜雷雪气候）的影响，适合于大城市、工业密集区、地势险峻的山区，严重污秽地区的变电站安装使用。

（8）SF_6 气体作为绝缘介质的缺点。它本身虽无毒，但它的重度大，不易稀释和扩散，是一种窒息性物质，在故障泄漏时容易造成工作人员缺氧、中毒、窒息。

SF_6 气体在电场中产生电晕放电时会分解出来 SOF_2（氟化亚硫酰）、SO_2F_2（氟化硫酰）、S_2F_{10}（十氟化二硫）、SO_2（二氧化硫）、S_2F_2（氟化硫）、HF（氢氟酸）等近十种气体。这些氟、硫化物气体不但有毒，其中 S_2F_{10} 有剧毒，而且很多还有腐蚀性，如对铝合金、瓷绝缘子、玻璃环氧树脂等绝缘材料，能损坏它们的结构；对人体及呼吸系统有强烈的刺激和毒害作用。

（9）SF_6 混合气体。虽然 SF_6 气体有良好的电气特性和化学稳定性，但其价格较高、液化温度还不够低且对电场不均匀度太敏感，所以目前国内外都在研究 SF_6 混合气体，以期在某些场合用 SF_6 混合气体来代替纯 SF_6 气体，不会产生分离分层作用。

目前已获工业应用的是 SF_6-N_2 混合气体，主要用作高寒地区断路器的绝缘介质和灭弧媒介，采用的混合比通常为 50%：50% 或 60%：40%。混合比是指两种气体成分的体积比，也就是两种气体分压之比。采用混合气体可使液化温度明显降低。混合气体中氮气的含量越高，混合气体的液化温度就越低。

当 SF_6-N_2 占比 8∶2 时，混合气体的击穿场强还是纯 SF_6 击穿场强的 90% 以上，SF_6-N_2 占比 6∶4 时，混合气体的击穿场强是纯 SF_6 击穿场强的 90% 左右。SF_6-N_2 混合气体液化温度越低，更实用的特点：能较好地保持纯 SF_6 的绝缘性能；更好的理化特性；能取得更大的经济效益。

（10）气体绝缘电气设备。

1）封闭式气体绝缘组合电器（Gas Insulated Switchgear，GIS）。

2）气体绝缘管道输电线（Gas Insulated metal‐enclosed transmissionline，GIL）。

3）气体绝缘变压器（Gas Insulated Transformer，GIT）。

除以上所介绍的气体绝缘电气设备外，SF_6 气体还日益广泛地应用到一些其他电气设备中，如气体绝缘开关柜、环网供电单元、中性点接地电阻器、中性点接地电抗器、移相电容器、标准电容器等。

1.4　液体和固体电介质的电气特性

1. 液体和固体介质

液体和固体介质广泛用作电气设备的内绝缘，常用的液体和固体介质如下 。

（1）液体介质。变压器油、电容器油、电缆油。

（2）固体介质。绝缘纸、纸板、云母、塑料、电瓷、玻璃、硅橡胶。

2. 电介质的电气特性

本节介绍液体、固体电介质的 4 个特性，其中前 3 个为弱电场下的特性，最后一个为强电场下的特性。

（1）电介质的极化—介电常数或相对介电常数。

定义：电介质在电场作用下，其束缚电荷相应于电场方向产生弹性位移和偶极子的取向现象。一般用介电常数 ε 来表示极化强弱。

其物理意义：表示金属极板间放入电介质后电容量（极板上的电荷量）比极板间为真空时的电容量（极板上的电荷量）增大的倍数。

（2）电介质的电导——电导率或电阻率。

电导特性用电导率 γ 来表示。

定义：表征电介质导电性能的主要物理量，其倒数为电阻率 ρ。按载流子的不同，电介质的电导又可分为离子电导和电子电导两种。

任何电介质都不是理想的绝缘体，在它们内部总有一些联系较弱的带电质点存在。在外电场作用下，这些带电质点做定向运动，形成电流。因而任何电介质都具有电导。

（3）电介质的损耗——介质损失角正切。

在电场作用下电介质中总有一定的能量损耗，包括由电导引起的损耗和某些有损极化（如偶极子、夹层极化）引起的损耗，总称介质损耗。

（4）电介质的击穿——击穿场强。

1.4.1　液体和固体介质的极化、电导和损耗　A 类考点

1. 极化

根据化学结构不同，电介质可分为非极性及弱极性电介质、极性电介质和离子性电介质 3 类。分子由离子键构成的电介质称为离子结构电介质。分子由共价键构成，且分子为非极

高电压技术

性分子的电介质称为非极性电介质，分子为极性分子的电介质称为极性电介质。

（1）概念。束缚性电荷在电场的作用下发生位移变化或偶极子发生偏转的现象称为极化。在外加电场的作用下，固体介质中的正、负电荷沿电场方向产生了有限位移，形成电矩，使介质表面出现了束缚电荷，极板上的电荷也增多，因而使电容量增大。

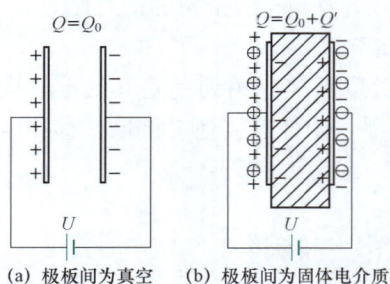

图 1-42　电介质的极化

（a）极板间为真空　（b）极板间为固体电介质

（2）描述极化现象强弱的参数为介电常数 ε。介电常数与介质的极性、温度及外加电场的频率都有关。实测表明，两个结构、尺寸完全相同的电容器，如在极间放置不同的电介质，它们的电容量将是不同的，如图 1-42 所示，图（a）极间为真空，图（b）极间放入电介质，由于电介质中束缚电荷的作用，使电容极板上电荷量变大。极化的结果：削弱外电场，使电介质的等值电容增大。

工程上，常采用相对介电常数：

$$\varepsilon_r = \frac{\varepsilon}{\varepsilon_0} = \frac{C}{C_0}$$

其中，ε_0 为真空的介电常数，8.8542×10^{-12} F/m。

【例 1-45】　表征极化程度强弱的参数是（　　）。

A. 介电常数　　　　　　　　　　　　B. 电导

C. 介质损耗角正切值　　　　　　　　D. 击穿场强

（3）极化的类型。

1）电子式极化。电子式极化存在于一切电介质中。在外电场的作用下，介质原子中的电子运动轨道将相对于原子核发生弹性位移，如图 1-43 所示。这样一来，正、负电荷作用中心不再重合。

电子式极化的特点：①极化所需时间极短，10^{-15} s；②弹性极化：极化时没有能量损耗，不会使电介质发热；③温度及电场频率对极化影响极小；④极化程度取决于电场强度。

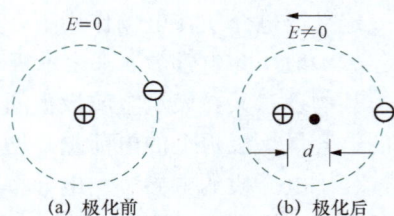

（a）极化前　　　　（b）极化后

图 1-43　电子式极化

2）离子式极化。固体无机化合物大多数属于离子式结构，无外电场时，晶体的正负离子对称排列，各个离子对的偶极矩互相抵消，故平均偶极矩为零。在出现外电场后，正、负离子将发生方向相反的偏移，使平均偶极矩不再为零，介质呈现极化，如图 1-44 所示。

离子式极化的特点：①极化过程极短，10^{-13} s；②弹性极化：极化时没有能量损耗；③极化随温度升高而加强，但电场频率对极化影响极小。

3）偶极子式极化（转向极化）。偶极子是指大小相等、符号相反，彼此相距为 d 的两电荷（$+q$、$-q$）所组成的系统。每个极性分子都是偶极子，具有一定的电矩，当不存在外电场时，这些偶极子杂乱无序地排列着，如图 1-45（a）所示，宏观电矩等于零，整个介质对外并不表现出极性。出现外电场后，偶极子将沿电场方向转动，有规则地排列，如图 1-45（a）所示，因而显示出极性。

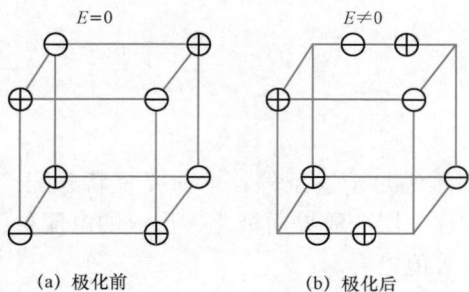

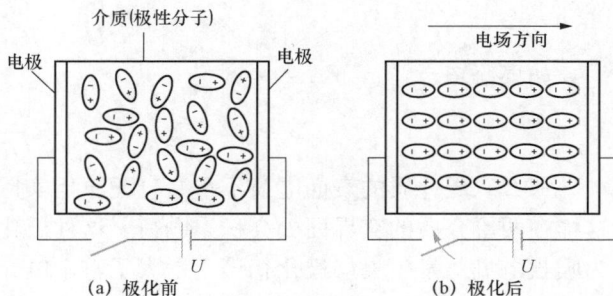

图 1-44　离子式极化　　　　　　图 1-45　偶极子式极化

偶极子式极化的特点：①极化所需时间较长（$10^{-10} \sim 10^{-2}$ s）；②非弹性极化，消耗的能量在复原时不能收回；③极化时有能量损耗；频率过高，偶极子将来不及转动，极化减弱，如图 1-46 所示；④温度对极化影响很大，温度很高和很低时，极化均减弱，如图 1-47 所示。

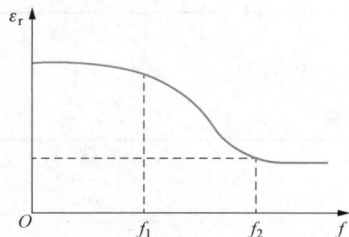

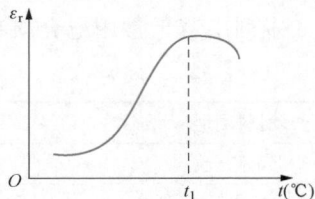

图 1-46　极性液体电介质的 ε_r 与频率的关系　　图 1-47　极性液体、固体介质的 ε_r 与温度的关系

4）夹层式极化。由不同介电常数和电导率的多种电介质组成的绝缘结构，加上外电场后，各层电压将从开始按介电常数分布逐步过渡到稳态时按电导率分布。在电压重新分配的过程中，夹层界面上会积聚起一些电荷，使整个介质的等值电容增大。电介质的界面上发生电荷的移动和积累，极化过程缓慢，并有损耗，只有在直流和低频交流下才表现出来。

夹层式极化的特点：①极化所需时间较长 10^{-1}s 至几小时；②非弹性极化；③极化时有能量损耗。

如图 1-48 所示，C_1、G_1 表示第一层电介质的等值电容、等值电导，C_2、G_2 表示第二层电介质的等值电容、等值电导。合闸瞬间两层介质的电压（分别用 U_1 和 U_2 表示）

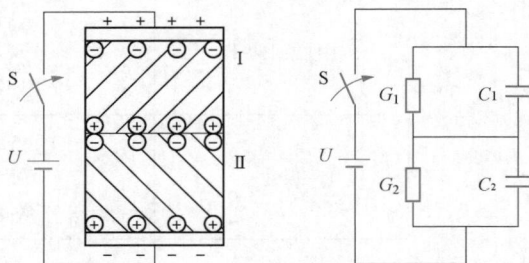

图 1-48　夹层式极化物理过程示意图

比由电容决定。稳态时电压比由电导决定。也就是，当时间 $t=0$ 时，

$$\frac{U_1}{U_2} = \frac{C_2}{C_1}$$

当时间 $t=\infty$ 时，

33

$$\frac{U_1}{U_2} = \frac{G_2}{G_1}$$

如果恰巧

$$\frac{C_2}{C_1} = \frac{G_2}{G_1}$$

那么双层介质的表面电荷不重新分配。但实际上很难满足上述条件，电荷要重新分配。这样在两层介质的交界面处会积累电荷，这种极化形式称夹层介质界面极化。形成的电流称为吸收电流。发生夹层极化相当于增大了整个电介质的等值电容。

为了方便比较，将各种极化特点列成表 1-5。

表 1-5 电介质极化种类及比较

极化种类	产生场合	所需时间	能量损耗	产生原因
电子式极化	任何电介质	$10^{-14} \sim 10^{-15}$ s	无	束缚电子运行轨道偏移
离子式极化	离子式结构电介质	$10^{-12} \sim 10^{-13}$ s	几乎没有	正、负离子的相对位移
偶极子极化（转向极化）	极性电介质	$10^{-10} \sim 10^{-2}$ s	有	偶极子定向转动
夹层式极化（空间电荷极化）	多层介质交界面	10^{-1} s ~ 数小时	有	自由电荷的移动

表 1-6 中列出若干常用电介质在 20℃时工频电压下的 ε_r 值。

表 1-6 常用电介质的介电常数

材料类别		名称	ε_r（工频，20℃）
气体介质		空气（大气压）	1.00059
液体介质	弱极性	变压器油	2.2~2.5
		硅有机液体	2.2~2.8
	极性	蓖麻油	4.5
	强极性	丙酮	22
		无水乙醇	33
		水	81
固体介质	中性或弱极性	石蜡	2.0~2.5
		聚乙烯	2.25~2.35
		聚四氟乙烯	2.0~2.2
	极性	纤维素	6.5
		酚醛树脂	4~4.5
		聚氯乙烯	3.2~4
	离子性	云母	5~7
		电瓷	5.5~6.5

（4）讨论介质极化在工程实际中的意义。

1）选择电容器中的绝缘材料时，一方面要注意电气强度，另一方面在相同绝缘强度的情况下，希望材料的相对介电常数要大。这样，电容器单位容量的体积和质量就可以减小。但在其他绝缘结构里，希望相对介电常数小些。在交流及冲击电压作用下，减少介电常数来降低绝缘介质中的极化损耗。

2）一般高电压设备中常常是几种绝缘材料组合，注意各种材料的相对介电常数的配合，因为交流及冲击电压作用下，串联介质中场强的分布与介电常数成反比。

3）介质损耗是影响绝缘劣化和热击穿的一个重要因素。

4）在绝缘预防性试验中，夹层极化现象可用来判断绝缘受潮情况。

【例 1 - 46】 用于电容器的绝缘材料中，所选用的电介质的相对介电常数（　　）。

A. 应较大
B. 应较小
C. 处于中间值
D. 不考虑这个因素

【例 1 - 47】 极化时间最长的是（　　）。

A. 电子式极化
B. 离子式极化
C. 偶极子极化
D. 夹层极化

【例 1 - 48】 （多选）有能量损耗的极化形式是（　　）。

A. 电子式极化
B. 离子式极化
C. 偶极子极化
D. 夹层极化

【例 1 - 49】 离子式极化产生的原因（　　）。

A. 束缚电荷的位移
B. 离子的相对偏移
C. 偶极子的定向排列
D. 自由电荷的移动

【例 1 - 50】 夹层极化产生的原因（　　）。

A. 束缚电荷的位移
B. 离子的相对偏移
C. 偶极子的定向排列
D. 自由电荷的移动

【例 1 - 51】 下列介质中介电常数最大的是（　　）。

A. 空气
B. 聚乙烯
C. 无水乙醇
D. 变压器油

【例 1 - 52】 下列介质中介电常数最小的是（　　）。

A. 空气
B. 聚乙烯
C. 无水乙醇
D. 变压器油

【例 1 - 53】 在交流及冲击电压作用下，多层串联电介质中的电场强度分布与各层介电常数成（　　）。

A. 正比
B. 反比
C. 相等
D. 两者无关

【例 1 - 54】 偶极子极化（　　）。

A. 所需时间短
B. 属弹性极化
C. 在频率很高时极化加强
D. 与温度的关系很大

2. 电导

（1）电导的概念。电介质在电场作用下，使其内部联系较弱的带电粒子作有规律的运动形成电流，即传导电流（电导电流或泄漏电流），也就是电介质具有一定的导电性。这种物理现象称为电导。表征电导过程强弱程度的物理量为电导率 γ 或它的倒数电阻率 ρ。

（2）电介质的电导特性。电介质的电导与金属的电导有着本质上的区别。

金属导体的电导性质为电子式电导（自由电子为载流子）。

电介质的电导主要是离子式电导（离子为载流子）。如果电介质中出现了较大的电子电导电流，意味着该电介质已经被击穿。

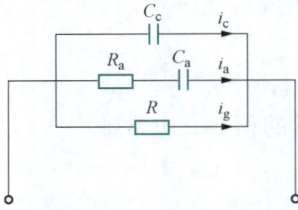

图 1-49　直流下电介质等值电路

（3）电介质中的电流。直流作用下电介质的等值电路如图 1-49 所示，流过电介质的电流由 3 个分量组成：

1）电容电流。在加压初瞬间电介质中的电子式极化和离子式极化过程所引起的电流，无损耗，存在时间极短，迅速降到零，是一极短暂的充电电流。

2）吸收电流。有损极化所对应的电流，即夹层极化和偶极子极化时的电流，它随时间而衰减，比充电电流的下降要慢得多。

3）传导电流。绝缘介质中少量离子定向移动所形成的电导电流，它不随时间而变化，唯一长期存在的电流分量。

总电流 i 是上述 3 个分量的总和，表示在直流电压作用下，流过绝缘的总电流随时间而变化的曲线，称为吸收曲线。

（4）吸收现象。固体介质在恒流电压作用下，测量流过电介质的电流，实验电路如图 1-50（a）所示，实验中观察到电路中的电流从大到小随时间衰减，最终稳定于某一数值，如图 1-50（b）所示称为吸收现象。

介质干燥和潮湿，吸收现象不一样，据此可判断绝缘性能的好坏。

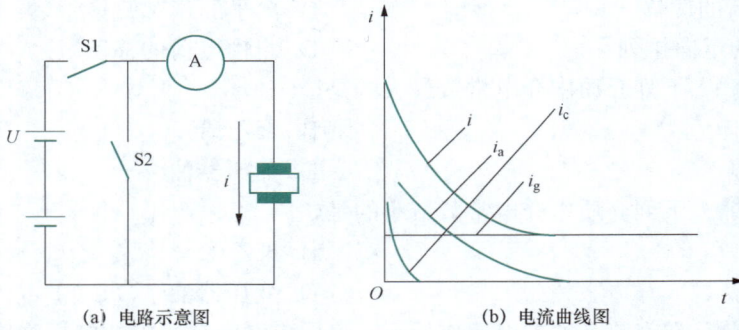

(a) 电路示意图　　　　(b) 电流曲线图

图 1-50　直流电压下流过电介质的电流及测量

（5）讨论电介质电导在工程实际中的意义。

1）在绝缘预防性试验中，一般都要测量绝缘电阻和泄漏电流，介质干燥和潮湿，吸收现象不一样，据此可判断绝缘是否受潮或其他劣化现象，判断绝缘性能的好坏。

2）串联的多层介质在直流电压作用下，电压分布与电导成反比，故设计用于直流的设备要注意介质的电导率，尽量使材料得到合理使用。

3）设计绝缘结构时要考虑使用环境，特别是湿度影响。有时需要作表面防潮处理，如胶布（或纸）筒外表面刷环氧漆，绝缘子表面涂硅有机物或地蜡等。

4）并非所有的情况都要求绝缘电阻值高，有些情况下要设法减小绝缘电阻值，如在高压套管法兰附近涂上半导体釉。

5）对于某些能量较小的电源，如静电发生器等，要注意减小绝缘材料的表面泄漏电流以保证得到高电压。

3. 电介质的损耗

（1）电介质损耗包括极化损耗、电导损耗和游离损耗。一般分析中仅考虑前两类损耗类型。

在直流电压的作用下，由于电介质中没有周期性的极化过程，当外施电压低于局部放电的电压时，介质中的损耗仅由电导所引起。

图 1-50 中的三支路等值电路可进一步简化为电阻、电容的并联等值电路或串联等值电路。若介质损耗主要由电导所引起，常采用并联等值电路；如果介质损耗主要由极化所引起，则常采用串联等值电路。并联等值电路及其向量如图 1-51 所示。

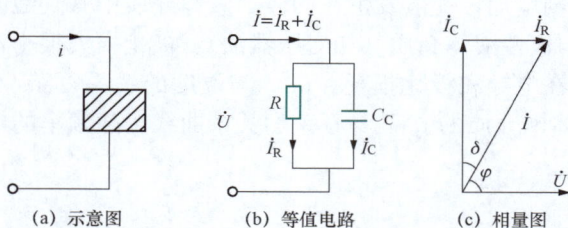

(a) 示意图　　(b) 等值电路　　(c) 相量图

图 1-51　介质在交流电压下的等值电路和相量图

【例 1-55】　表征电介质导电性能的主要物理量，即为电导率或（　　）。
A. 电阻率　　　　　　B. 介电常数　　　　　C. 电阻　　　　　　　D. 绝缘系数

【例 1-56】　电介质在电场的作用下都会出现极化、电导和（　　）等电气现象。
A. 电晕　　　　　　　B. 击穿　　　　　　　C. 损耗　　　　　　　D. 桥接

（2）介质损耗的形式。

1）电导损耗：由传导电流引起的损耗，交、直流下都存在。

2）极化损耗：由偶极子与夹层极化引起，交流电压下极明显。

3）游离损耗：液体、固体介质中的局部放电引起的。只有外加电压超过一定值时才会出现游离损耗，在交、直流下作用均会出现。

（3）介质损耗角正切值的含义。在电介质两端施加交流电压时，介质损耗 $P = U^2 \omega C_p \tan\delta$，损耗 P 值的大小与所加电压 U、试品电容量 C_p、电源频率 ω 等一系列因素都有关系，而式中的 $\tan\delta$ 却是一个仅取决于材料损耗特性的物理量。①介质损耗 P 值与实验电压 U 的高低等因素有关；②$\tan\delta$ 是与电压、绝缘尺寸无关的量，仅取决于电介质的损耗特性；③$\tan\delta$ 可以用高压电桥等仪器直接测量。所以用介质损耗角的正切值来表征介质损耗。

通常均采用介质损耗角正切 $\tan\delta$ 值作为综合反映电介质损耗特性优劣的一个指标，电介质损耗角正切 $\tan\delta$ 值越大，说明材料的介质损耗就越大。测量和监控各种电力设备绝缘的 $\tan\delta$ 值已成为电力系统中绝缘预防性试验的较重要项目之一。

图 1-51 是介质在交流电压下的等值电路和相量图，根据相量图可以得到 $\tan\delta$ 的表达式为

$$\tan\delta = \frac{I_R}{I_C} = \frac{1}{\omega C_p R}$$

（4）讨论介质损耗的正切值 $\tan\delta$ 的意义。在设计绝缘结构时，应注意到绝缘材料的 $\tan\delta$ 值。$\tan\delta$ 过大会引起绝缘介质严重发热，甚至导致热击穿。例如，用蓖麻油制造的电容器就因为 $\tan\delta$ 大，而仅限于直流或脉冲电压用，不能用于交流。

在绝缘试验中，$\tan\delta$ 的测量是一项基本测试项目。如果绝缘受潮或劣化，$\tan\delta$ 将急剧上升，在预防试验中可通过 $\tan\delta-U$ 的关系曲线来判断绝缘材料是否发生局部放电。

当 $\tan\delta$ 值大的材料需加热时，可对材料加交流电压利用材料本身介质损耗的发热。该方法加热非常均匀，如电瓷生产中对泥坯加热即采用的这种方法。

（5）电介质损耗的特性。

1）气体电介质损耗。电场较小时，仅存在很小的电导损耗；电场超过放电起始电场后，发生局部放电，损耗急剧增加，一般发生在固体、液体介质中有气泡的场合。

2）液体。中性和弱极性液体介质（如变压器油）：极化损失很小，其损耗主要由电导引起；极性液体介质：存在电导和极化损耗，$\tan\delta$ 与温度的关系复杂，其曲线为 N 字形，如图 1-52 所示。极性液体电介质的 $\tan\delta$ 与频率的关系曲线为随频率的增加，$\tan\delta$ 先上升后下降，如图 1-53 所示。

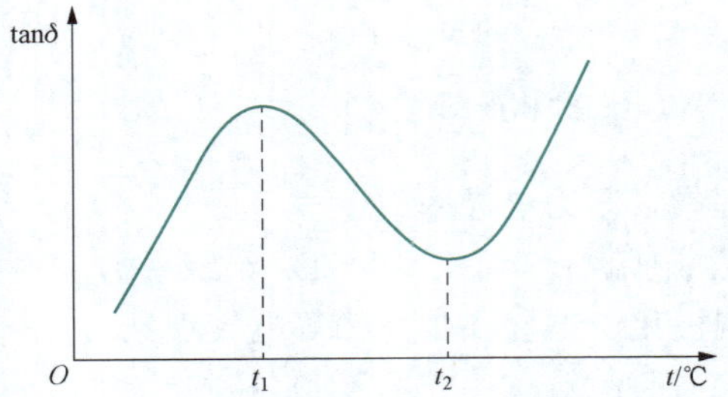

图 1-52　极性液体介质的 $\tan\delta$ 与温度的关系 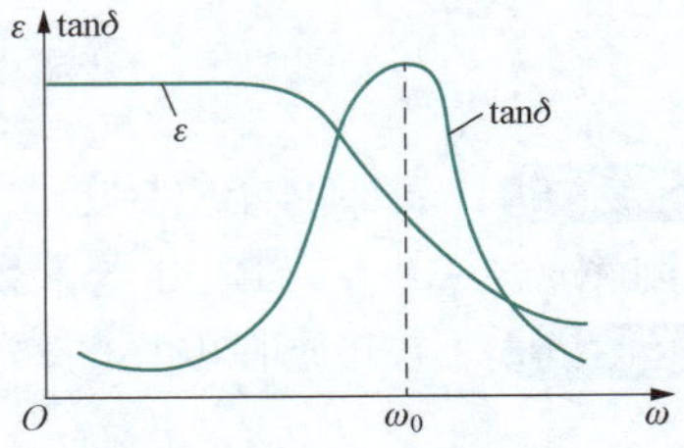　　图 1-53　极性液体介质的 ε 和 $\tan\delta$ 与角频率 ω 的关系曲线

3）固体。无机绝缘材料主要有云母、电工陶瓷（电瓷）、玻璃；聚乙烯、聚苯乙烯、聚四氟乙烯为非极性有机电介质，只存在电导损耗；极性有机材料有聚氯乙烯、纤维素、酚醛树脂、胶木、绝缘纸等，存在显著的极化损耗，因此电导损耗和极化损耗都需要考虑，损耗极大。

【例 1-57】中性和弱极性液体及固体介质中损耗主要为（　　）。
A. 电导损耗　　　　　　B. 热损耗　　　　　　C. 极化损耗　　　　　　D. 电化学损耗

【例 1-58】中性和弱极性液体及固体介质中介质损耗正切值（　　）。
A. 较大　　　　　　B. 较小　　　　　　C. 不变　　　　　　D. 不确定

【例 1-59】极性液体及固体介质中介质损耗正切值（　　）。
A. 较大　　　　　　B. 较小　　　　　　C. 不变　　　　　　D. 不确定

【例 1-60】通常采用介质损耗角正切值作为综合反映电介质电导特性优劣的一个指标（　　）。
A. 正确　　　　　　　　　　　　　　　　B. 错误

1.4.2　液体电介质的击穿过程　A类考点

1. 液体电介质

包括天然植物矿油、人工合成油及蓖麻油等植物油，在各种电气设备中起到绝缘、散热、浸渍及填充等作用，主要用在变压器、油断路器、电容器和电缆等电气设备中。在断路器和电容器中还分别有灭弧和储能的作用。

2. 液体击穿理论

分纯净液体和工业上应用的液体（含有水分、气体、固体微粒和纤维等杂质），纯净液体的放电理论是电子碰撞电离理论（电击穿理论），气泡击穿理论。工业上应用的液体的放电理论是小桥击穿理论。

纯净液体介质的击穿理论与气体放电汤逊理论中的作用有些相似。但液体密度比气体密度大得多，电子的平均自由行程很小，必须极大地提高场强才开始碰撞电离。

工程上所用的液体介质中总难免会混入一些杂质，如变压器油中常因受潮而含有水分，还有从固体绝缘材料中脱落的纤维或其他杂质，当油中含有水分和纤维时，由于水和纤维的介电常数很大，尤其是纤维吸潮后，很容易沿电场方向极化定向排列，排列成杂质小桥，并在电极间形成电导较大的通道，引起泄漏电流增大，温度升高，促使油和水分局部沸腾汽化，气泡扩大，最后击穿。

工程用变压器油的击穿有如下特点：在均匀电场中，当工频电压升高到某值时油中可能出现一个火花放电，但旋即消失（即这个火花没有引起油间隙击穿），油又恢复其电气强度；电压再增油中又可能出现火花，但可能又旋即消失；这样反复多次，最后才会发生稳定的击穿。

3. 变压器油绝缘强度测试

液体电介质（工程用变压器油）通常用标准试油杯按标准试验方法测得的工频击穿电压来衡量其品质的优劣。我国采用的标准油杯如图 1-54 所示，极间距离为 2.5mm，电极是直径等于 25mm 的圆盘形黄铜电极，为了减弱边缘效应，电极的边缘加工成半径为 2.5mm 的半圆，可见极间电场基本是均匀的。

标准试油杯做成均匀电场的原因：在不均匀电场中，间隙中强电场处发生的局部放电使液体介质发生波动，杂质不易成小桥，液体的击穿电压受到杂质的影响减小，不能正确判断油的品质，因此必须做成均匀电场。

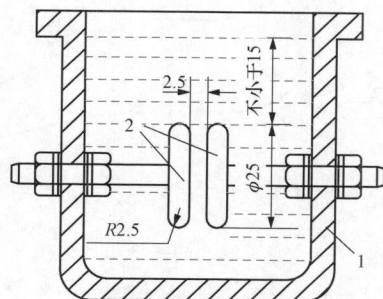
图 1-54　我国采用的标准油杯
（单位：mm）
1—绝缘杯体；2—黄铜电极

4. 影响液体电介质击穿电压的因素

(1) 自身品质因素。杂质的多少（含水量、纤维素、气量）。当油中还含有其他杂质时，击穿电压的下降程度随杂质的种类和数量而不同。

通过标准油杯中变压器油的工频击穿电压来衡量油的品质，当油中还含有其他固体杂质时，击穿电压的下降程度随杂质的种类和数量而异。

图 1-55 表示这种关系，其油间隙是由一对球电极构成的，为稍不均匀电场。纤维的含量即使很少，但对击穿电压就有很大的影响，这是因为纤维是极性介质并且易吸潮，很容易沿电场方向极化定向而排列成小桥。从油中分解出来的碳粒却对油的击穿电压影响不大。

(2) 温度。随液体电介质的品质、电场的均匀程度、电压形式的不同而不同。均匀电场油间隙的工频击穿电压与温度的关系如图 1-56 所示。对于干燥的变压器油：随着油温的上升，干燥油击穿电压略有下降；潮湿的变压器油：随着油温的上升，击穿电压先下降，后上升，再下降。

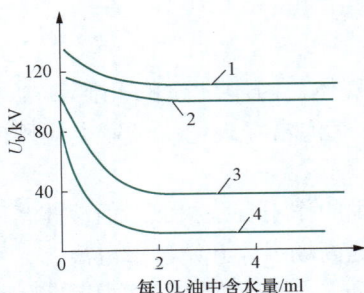

图 1-55　水分、杂质对变压器油击穿
电压峰值的综合影响

1—纯油；2—含 1.76mg 碳；

3—含 0.21mg 纤维；4—含 1.12mg 纤维

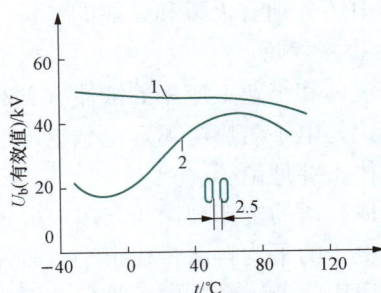

图 1-56　标准油杯中变压器油工频
击穿电压与温度的关系

1—干燥的油；2—受潮的油

（3）电压作用时间。加压后短至几个微秒时，表现为电击穿，击穿电压较高，当电压作用时间大于毫秒级时，表现为热击穿。击穿电压随作用时间增加而降低，如图 1-57 所示。

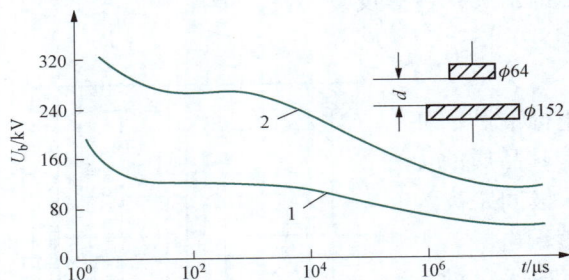

图 1-57　变压器油的击穿电压峰值与电压作用时间的关系

1—d=6.35；2—d=25.4（单位：mm）

（4）电场均匀程度。电场越均匀，击穿电压也越高，杂质对击穿电压的影响越大，分散性也越大。

优质油：保持油不变，而改善电场均匀度，能使工频击穿电压显著增大，也能大大提高其冲击击穿电压。品质差的油：因有较多杂质使电场已经发生畸变，改善电场对于提高其工频击穿电压的效果较差。在冲击电压下，由于杂质来不及形成小桥，故改善电场总是能显著提高油隙的冲击击穿电压，而与油的品质好坏几乎无关。

（5）油压。无论均匀度如何，一般情况下绝缘油的工频击穿电压总是随着油压的增大而增大。经过脱气处理的绝缘油，其工频击穿电压与油压几乎无关。

5. 提高液体电介质击穿电压的措施

笔记

【例 1-61】　温度升高时液体膨胀，击穿场强会（　　）。

A. 增大　　　　　B. 减小　　　　　C. 不变　　　　　D. 两者无关

【例 1 - 62】　【过关真题】（多选）下列（　　　）因素，会影响液体电介质击穿电压。

A. 电压类型　　　　　　B. 温度　　　　　　C. 电场的均匀度　　　　D. 杂质

【例 1 - 63】　在含气纯净液体电介质中总是气泡先发生电离。（　　　）

A. 正确　　　　　　　　　　　　　　　　B. 错误

【例 1 - 64】　水分、固体杂质都会使液体电介质更容易击穿。（　　　）

A. 正确　　　　　　　　　　　　　　　　B. 错误

1.4.3　固体介质的击穿特性　B 类考点

固体电介质内带电粒子的产生方式主要有晶格缺陷、解离、泊尔 - 弗仑开尔效应。在电场作用下，固体电介质可能因为电过程、热过程、电化学过程导致击穿。

1. 固体介质击穿形式

（1）电击穿。固体电介质的电击穿是由于电场作用直接使介质破坏并丧失绝缘性能的现象。

在介质的电导（或介质损耗）很小，又有良好的散热条件及介质内部不存在局部放电的情况下，固体介质的击穿通常为电击穿，击穿场强可达 $10^5 \sim 10^6 \, kV/m$。比热击穿时的击穿场强高很多，热击穿场强仅为 $10^3 \sim 10^4 \, kV/m$。

电击穿的主要特征：

1）几乎与周围环境温度无关。

2）除时间很短的情况外，击穿电压与电压作用时间关系不大。

3）介质发热不显著。

4）电场均匀程度对击穿电压有显著的影响。

（2）热击穿。介质的发热大于散热时，温度上升导致介质分解、熔化、碳化等发生热击穿。

热击穿是由于固体介质内的热不稳定过程造成的。当固体介质较长期地承受电压的作用时，会因介质损耗而发热，与此同时也向周围散热，如果周围环境温度低、散热条件好，发热与散热将在一定条件下达到平衡，这时固体介质处于热稳定状态，介质温度不会不断上升而导致绝缘的破坏。但是，如果周围环境温度高，散热条件不好，发热大于散热，介质温度将不断上升而导致绝缘的破坏，如介质分解、熔化、碳化或烧焦，从而发生热击穿。

（3）电化学击穿。固体介质在长期电压作用下，由于局部放电等原因使绝缘体劣化，电气强度逐步下降，并最终导致击穿。

电化学击穿电压的大小与加电压时间的关系非常密切，但也因介质种类的不同而异。图 1 - 58 是 3 种固体介质的击穿场强随施加电压的时间而变化的情况：曲线 1、2 下降较快，表示聚乙烯、聚四氟乙烯耐局部放电的性能差；曲线 3 接近水平，表示硅有机玻璃云母带的击穿场强随加电压间的增加下降很少，可见无机绝缘材料耐局部放电的性能较好。

2. 固体介质击穿的影响因素

（1）电压作用时间。电压作用时间越长，击穿电压越低，如图 1 - 58 所示。如果电压作用时间很短（0.1s 以下），固体介质的击穿往往是电击穿，击穿电压高。随着电压作用时间的增长，击穿电压将下降，如果在加电压后数分钟到数小时才引起击穿，则热击穿往往起主

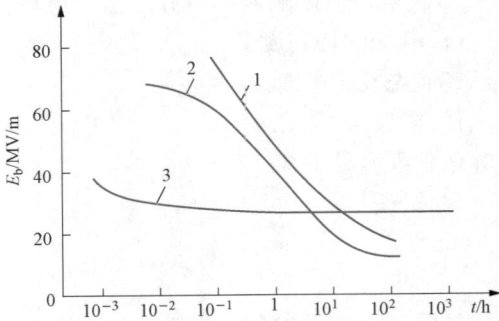

图 1-58 固体介质的击穿场强与
电压作用时间的关系
1—聚乙烯；2—聚四氟乙烯；
3—硅有机玻璃云母带

要作用。

不过二者有时很难分清，例如，在工频交流 1min 耐压试验中的试品被击穿，常常是电和热双重作用的结果。电压作用时间长达数十小时甚至几年才发生击穿时，大多数属于电化学击穿的范畴。

（2）电场均匀程度与介质厚度。处于均匀电场中的固体介质，其击穿电压往往较高，且随介质厚度的增加近似地呈线性增大。

若在不均匀电场中，介质厚度增加使电场更不均匀，于是击穿电压不再随厚度的增加而呈线性上升。当厚度增加使散热困难到可能引起热击穿时，增加厚度的意义就更小了。

常用的固体介质一般都含有杂质和气隙，这时即使处于均匀电场中，介质内部的电场分布也是不均匀的，最大电场强度集中在气隙处，使击穿电压下降。如果经过真空干燥、真空浸油或浸漆处理，则击穿电压可明显提高。

（3）温度。固体介质在某个温度范围内其击穿性质属于电击穿，这时的击穿场强很高，且与温度几乎无关。超过某个温度后将发生热击穿，温度越高，热击穿电压越低；如果其周围介质的温度也高，且散热条件又差，热击穿电压更低。因此，以固体介质作绝缘材料的电气设备，如果某处局部温度过高，在工作电压下即有热击穿的危险。

不同的固体介质其耐热性能和耐热等级是不同的，因此它们由电击穿转为热击穿的临界温度一般也是不同的。

（4）电压作用的累积效应。固体介质在不均匀电场中，以及在幅值不是很高的过电压、特别是雷电冲击电压下，介质内部可能出现局部损伤，并留下局部碳化、烧焦或裂缝等痕迹，多次加电压时，局部损伤会逐步发展，这称为累积效应。显然，它会导致固体介质击穿电压的下降。

以固体介质作绝缘材料的电气设备，随着施加冲击或工频试验电压次数的增多，很可能因累积效应而使其击穿电压下降。因此，在确定这些电气设备耐压试验时加电压的次数和试验电压值时，应考虑这种累积效应，而在设计固体绝缘结构时，应保证一定的绝缘裕度。

（5）电压种类。相同电极布置时，同一种电介质在交流、直流或冲击电压下的击穿电压不同。一般来说，直流击穿电压高于工频交流击穿电压，因为直流电压作用下介质的损耗小，且局部放电较弱；冲击击穿电压高于工频交流击穿电压；高频交流电击穿电压最低。

（6）受潮。受潮对固体介质击穿电压的影响与材料的性质有关。高压绝缘结构制造时要注意除去水分、运行中要注意防潮，定期检查受潮情况。

对不易吸潮的材料，如聚乙烯、聚四氟乙烯等中性介质，受潮后击穿电压仅下降一半左右；容易吸潮的极性介质，如棉纱、纸等纤维材料，吸潮后的击穿电压可能仅为干燥时的百分之几或更低，这是因为电导率和介质损耗大大增加的缘故。

3. 提高击穿电压的措施

（1）改进绝缘设计。尽可能使电场均匀。采用合理的结构，使电介质的电气强度与所承受的电场强度相配合，留有一定的裕度。

（2）改进制造工艺。尽可能清除介质中的杂质，可以通过精选材料、改善工艺、真空干燥、加强浸渍等方法。

（3）改善运行条件。注意防潮、尘污，加强散热冷却。

4. 绝缘老化

电气设备的绝缘在长期运行过程中会发生一些物理变化和化学变化，致使其电气、机械及其他性能逐渐劣化，这种现象称为绝缘的老化。

引起老化的因素有热、电、机械力、水分、氧化、各种射线、微生物等因素的作用。老化的类型主要有以下几点。

（1）电老化。是指在外加高电压或强电场作用下的老化，介质电老化的主要原因是介质中出现局部放电。局部放电引起固体介质腐蚀、老化、损坏的原因有破坏高分子的结构，造成裂解；转化为热能，且不易散出，引起热裂解、气隙膨胀；在局部放电区，产生高能辐射线，引起材料分解；气隙中如含有氧和氮，放电可产生臭氧和硝酸，是强烈的氧化剂和腐蚀剂，使材料发生化学破坏。

各种绝缘材料耐局部放电的性能有很大差别：云母、玻璃纤维等无机材料有很好的耐局部放电能力（所以旋转电机要采用云母、树脂作为绝缘材料）；有机高分子聚合物等绝缘材料的耐局部放电的性能比较差。

（2）热老化。在高温的作用下，电介质在短时间内就会发生明显的劣化，即使温度不太高，但如果作用时间很长，绝缘性能也会发生不可逆的劣化现象，这就是电介质的热老化。

电介质的热老化特点：温度越高，绝缘老化得越快，寿命越短。设备绝缘的寿命主要由热老化来决定。

1）热老化 8℃规则：

笔记

2）相应的对 B 级绝缘和 H 级绝缘则分别适用（130℃）10℃ 和（180℃）12℃ 规则。

各种绝缘材料的耐热等级和极限温度见表 1-7。

表 1-7　　　　　　　　　各种绝缘材料耐热等级和极限温度

耐热等级	极限温度（℃）	绝缘材料
O	90	木材、纸、纸板、棉纤维、天然丝；聚乙烯、聚氯乙烯；天然橡胶
A	105	油性树脂漆及其漆包线；矿物油和浸入其中或经其浸渍的纤维材料
E	120	酚醛树脂塑料；胶纸板、胶布板；聚酯薄膜；聚乙烯醇缩甲醛漆
B	130	沥青油漆制成的云母带、玻璃漆布、玻璃胶布板；聚酯漆；环氧树脂

耐热等级	极限温度（℃）	绝缘材料
F	155	聚酰亚胺漆及其漆包线；改性硅有机漆及其云母制品及玻璃漆布
H	180	聚酰胺亚胺漆及其漆包线；硅有机漆及其制品；硅橡胶及其玻璃布
C	>180	聚酰亚胺漆及薄膜；云母；陶瓷、玻璃及其纤维；聚四氯乙烯

（3）其他因素造成的老化。机械应力：对绝缘老化的速度有很大的影响（如悬式绝缘子串中最易损坏的元件包括靠近横担的那一片，而该片绝缘子在串中分到的电压并不高，不过受到的机械负荷最大）；环境条件：紫外线、日晒雨淋、湿热等也对绝缘的老化有明显的影响。

5. 分阶绝缘

电气设备的绝缘往往是由介电常数不同的多层绝缘构成的组合绝缘，分阶的原则是介电常数不同的材料不同绝缘层合理分布，以达到电场均匀化的目的。

高压交流电缆常为单相圆芯结构，由于其绝缘层较厚，一般采用分阶结构，以减小缆芯附近的最大电场强度。分阶绝缘是指由介电常数不同的多层绝缘构成的组合绝缘，分阶原则是对越靠近缆芯的内层绝缘选用介电常数越大的材料，以达到电场均匀化的目的，如图 1-59 所示。适当选择分阶绝缘的参数，可使各阶绝缘的最大电场强度分别与各自的电气强度相适应，各层的电场分布比较均匀、从而使各阶绝缘材料的利用更充分，整体的击穿电压也就更高。

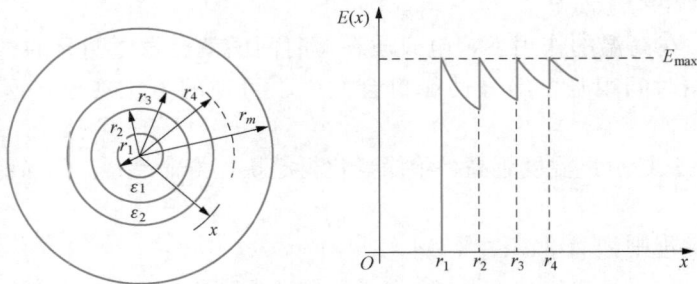

图 1-59　电力电缆的分阶绝缘

电缆绝缘的分阶通常采用不同种类的绝缘纸来实现，电缆纸的相对介电常数与纸的密度有关，ε_r 一般为 3.5～4.3；最大的 ε_r 值对应于密度为 1.2g/cm³ 的纸，最小的 ε_r 值对应于密度为 0.85g/cm³ 的纸。一般分阶只做成两层，层数更多的分阶很少采用，仅见于超高压电缆中，例如，某些 500kV 电缆中采用 3～5 层分阶，以减小绝缘层的总厚度和电缆的直径。

$\varepsilon_1 > \varepsilon_2 > \cdots > \varepsilon_n$，且 $\varepsilon_1 r_1 = \varepsilon_2 r_2 = \cdots = \varepsilon_n r_n$。离缆芯较远的介质层也能得到充分的利用，因此可使电缆尺寸缩小。

6. 组合绝缘

在分层的组合绝缘结构中，若各层绝缘所承受的电场强度与其电气强度成正比，则整个组合绝缘的电气强度最高，使各层绝缘材料都得到了最充分、合理的利用，还必须了解各种绝缘的理化特性，使它们组合起来、互相配合，取得好的效果。高压电气设备一般采用多种电介质组合的绝缘结构。

对高压电气设备绝缘的要求是多方面的，除了必须有优异的电气性能外，还要求有良好的热性能、机械性能及其他物理—化学性能，单一种类电介质往往难以同时满足这些要求，所以实际绝缘结构往往采用多种电介质的组合。具体类型如下。

（1）"油—屏障"式绝缘。例如，油浸电力变压器的主绝缘采用的就是"油—屏障"式绝缘结构，在这种组合绝缘中以变压器油作为主要的电介质，在油隙中放置若干个屏障是为了改善油隙中的电场分布和阻止贯通性杂质小桥的形成。一般能将电气强度提高 30%～50%。

"油—屏障"式绝缘结构中固体介质有三种不同的形式，即覆盖、绝缘层和屏障。

1）覆盖：紧紧包在小曲率半径电极上的固体绝缘薄层。电缆纸（<1mm）、黄蜡布、涂漆膜，作用：限制泄漏电流、阻止小桥的形成和发展。因此，在充油设备中很少采用裸导体。

2）绝缘层：当覆盖的厚度增大到数毫米到数十毫米，能分担一定的电压为绝缘层。作用：阻止杂质小桥的形成和发展。

3）屏障：油隙中放置尺寸较大、形状与电极相适应、厚度为 1～5mm 的层压纸板（筒）或层压布板（筒）屏障，那么它既能阻碍杂质小桥的形成，又能像气体介质中的屏障那样拦住带电粒子，使原有电场变得比较均匀，从而达到提高油隙电气强度的目的。采用多个极间屏障效果更好，但注意屏障间距离要大于 6mm，以利于油的循环冷却。

（2）油纸绝缘。电气设备中使用的绝缘纸（包括纸板）纤维间含有大量的空隙，因而干纸的电气强度是不高的，用绝缘油浸渍后，整体绝缘性能即可大幅度提高。

前面介绍的"油—屏障"式绝缘是以液体介质为主体的组合绝缘，采用覆盖、绝缘层和屏障都是为了提高油隙的电气强度。而油纸绝缘则是以固体介质为主体的组合绝缘，液体介质只是用作充填空隙的浸渍剂。

绝缘纸和绝缘油的配合互补，使油纸组合绝缘的击穿场强可高达 500～600kV/cm，极大地超过了各组成成分的电气强度（油的击穿场强约为 200kV/cm，而干纸只有 100～150kV/cm）。

各种各样的油纸绝缘通常可应用于电缆、电容器、电容式套管等电力设备中。这种组合绝缘的最大缺点：易受污染（包括受潮）。因为纤维素是多孔性的极性介质，很容易吸收水分，即使经过细致的真空干燥、浸渍处理并浸在油中，它仍将逐渐吸潮和劣化。

【例 1 - 65】 A 级绝缘材料的最高工作温度为（　　　）。

A. 90℃　　　　　　B. 105℃　　　　　　C. 120℃　　　　　　D. 130℃

【例 1 - 66】 （多选）下面关于相对介电常数，正确的说法（　　　）。

A. 液体大于气体　　B. 气体大于固体　　C. 固体大于液体　　D. 固体大于气体

【例 1 - 67】 若固体电介质被击穿的时间很短、又无明显的温升时，可判断是（　　　）。

A. 电化学击穿　　　B. 热击穿　　　　　C. 电击穿　　　　　D. 各类击穿都有

习题

（1）以下 4 种气体间隙的距离均为 10cm，在直流电压作用下，击穿电压最低的是（　　　）。

A. 球—球间隙（球径 50cm） 　　　B. 棒—板间隙，棒为负极

C. 针—针间隙　　　　　　　　　　 D. 棒—板间隙，棒为正极

（2）对棒—板气隙，棒极为（　　　）极性时，不容易发生电晕放电。

A. 正极性　　　　　　　　　　　　 B. 负极性

C. 无论正、负极性　　　　　　　　 D. 不确定

（3）对棒—板气隙，棒极为（　　　）极性时，容易发生电晕放电。

A. 正极性　　　　　　　　　　　　 B. 负极性

C. 无论正极性还是负极性　　　　　 D. 不确定

（4）对棒—板气隙，棒极为（　　　）极性时，完全击穿电压较高。

A. 正极性　　　　　　　　　　　　 B. 负极性

C. 无论正极性还是负极性　　　　　 D. 不确定

（5）在极不均匀电场中，在两个电极几何形状不同时，极性取决于曲率半径（　　　）的那个电极的电位极性。

A. 较小　　　　　　　　　　　　　 B. 较大

C. 两者都有影响　　　　　　　　　 D. 大小无关

（6）金属表面电离所需能量可以从多种途径获得，选出其中表述不正确的一项为（　　　）。

A. 正离子撞击阴极　　　　　　　　 B. 短波光照射

C. 强场发射　　　　　　　　　　　 D. 电子崩出现

（7）下列哪项是具有强垂直分量绝缘结构所特有的？（　　　）。

A. 滑闪放电　　　　　　　　　　　 B. 污秽放电

C. 电晕放电　　　　　　　　　　　 D. 细线状辉光放电

（8）对电极形状不对称的棒—板间隙，当棒为负极性时间隙的直流击穿电压要远高于棒为正极性时的直流击穿电压的原因是（　　　）。

A. 棒—板间隙两个电极不对称

B. 棒电极曲率半径小，电场极不均匀，棒端电场强度大

C. 棒电极首先引起碰撞电离，在棒电极附近聚集正电荷引起极性效应

D. 棒电极首先引起碰撞电离，在棒电极附近聚集负电荷引起极性效应

（9）（　　　）是发生在电极之间，但并未贯通的放电。这种放电可以在导体附近发生，也可以不在导体附近发生。

A. 滑闪放电　　　　　　　　　　　 B. 局部放电

C. 电晕放电　　　　　　　　　　　 D. 细线状辉光放电

（10）与均匀电场的放电过程相比，极不均匀电场的放电具有稳定的电晕放电和极性效应的特点。（　　　）

A. 正确　　　　　　　　　　　　　 B. 错误

（11）真空间隙击穿电压高的现象可以用巴申定律加以解释。（　　　）

A. 正确　　　　　　　　　　　　　 B. 错误

（12）滑闪放电的条件包括电场必须有足够的垂直分量，在直流电压作用下。（　　　）

A. 正确　　　　　　　　　　　　　 B. 错误

（13）伏秒特性可用于比较不同设备绝缘的冲击击穿特性。（　　）

A. 正确　　　　　　　　　　　　　　B. 错误

（14）在直流电压下，棒—板气隙在负极性时的击穿电压（　　）正极性时的击穿电压。

A. 高于　　　　　B. 低于　　　　　C. 两者一样　　　　　D. 不确定

（15）在工频交流电压下，棒—棒气隙的工频击穿电压比棒板（　　）。

A. 高　　　　　B. 低　　　　　C. 两者一样　　　　　D. 不确定

（16）表征 SF_6 气体理化特性的下列各项中，（　　）项是错的。

A. 无色、无味　　　B. 无毒　　　C. 可燃　　　D. 惰性气体

（17）长空气间隙，在各种类型的作用电压中，可能在（　　）电压作用下的电气强度最小。

A. 工频过电压　　　B. 操作过电压　　　C. 雷电冲击电压　　　D. 谐振过电压

（18）对于不均匀电场，空气的湿度增大时，气体的放电电压（　　）。

A. 增高　　　　　B. 降低　　　　　C. 不变　　　　　D. 先增大再降低

（19）操作冲击电压作用下，电压的波前时间与击穿电压的关系是（　　）。

A. 波前时间越大，击穿电压越高

B. 波前时间越大，击穿电压越低

C. 击穿电压随着波前时间的增加，先增加后减小

D. 击穿电压随着波前时间的增加，先减小后增大

（20）（多选）提高气体间隙击穿电压的措施有（　　）。

A. 改善电场分布，使电场变得均匀（屏蔽、屏障）

B. 采用高气压

C. 采用高真空

D. 采用高绝缘强度的气体

（21）液体和固体介质广泛用作电气设备的（　　）。

A. 内绝缘　　　B. 外绝缘　　　C. 间隔绝缘　　　D. 夹层绝缘

（22）处于均匀电场中的固体介质，其击穿场强往往（　　）。

A. 较低　　　　　B. 较高　　　　　C. 不变　　　　　D. 两者无关

（23）一切电介质在电场作用下都会出现（　　），电导和损耗等电气物理现象。

A. 导电　　　　　B. 击穿　　　　　C. 极化　　　　　D. 闪络

（24）偶极子是（　　）符号相反，彼此相距为 d 的两电荷（$+q$，$-q$）所组成的系统。

A. 大小相等　　　　　　　　　　　　B. 大小互为相反数

C. 大小成倍数关系　　　　　　　　　D. 无关

（25）电子式极化（　　）能量损耗。

A. 无　　　　　B. 有　　　　　C. 视情况而定　　　　　D. 比较小

（26）处于均匀电场中的固体介质，击穿电压随厚度的增加近似地形成（　　）。

A. 线性增大　　　B. 线性减小　　　C. 不变　　　　　D. 两者无关

（27）（多选）下列哪种物质电导率随温度升高而降低（　　）。

A. 铁　　　　　B. 铜　　　　　C. 空气　　　　　D. 无水乙醇

（28）电介质的电导主要是离子性电导，金属的电导是电子性电导。（　　）

A. 正确　　　　　　　　　　　　　　B. 错误

（29）为了使制造的电容器体积小、质量轻，在选择电介质时，要求其介电系数小。（　　）

A. 正确　　　　　　　　　　　　　　B. 错误

（30）当电介质发生极化后，其内部电荷是正电荷数大于负电荷数。（　　）

A. 正确　　　　　　　　　　　　　　B. 错误

（31）对电介质施加直流电压时，由电介质的有损极化所决定的电流称为（　　）。

A. 泄漏电流　　　　B. 电容电流　　　　C. 吸收电流　　　　D. 位移电流

第2章

电气设备绝缘特性的测试

为了保证电气设备乃至整个电力系统的安全、可靠运行，必须恰当地选择各种电气设备的绝缘（包括绝缘材料和绝缘结构），使之具有一定的电气强度，并且使绝缘在运行过程中保持良好的状态。但是由于各种原因，绝缘往往仍然是电力系统中的薄弱环节，绝缘故障通常是引发电力系统事故的首要原因。

时至今日，电介质理论仍远未完善，绝缘内有了缺陷后，其特性往往要发生变化。各种绝缘材料和绝缘结构的电气性能还不能仅依靠理论上的分析计算来解决问题，而必须同时借助于各种绝缘试验来检验和掌握绝缘的性能和缺陷。实际上，各种试验结果也往往成为绝缘设计的依据和基础。就其后果而言，绝缘试验可分为非破坏性试验和破坏性试验两大类，而缺陷从形态上可分为集中性缺陷和分布性缺陷。

1. 绝缘试验

（1）非破坏性试验（检查性试验）。在较低电压下测定绝缘的某些方面的特性及变化情况，从而间接判断绝缘的状况，包括绝缘电阻与吸收比的测量、泄漏电流的测量、介质损耗角正切的测量、局部放电和电压分布测量。

（2）破坏性试验（耐压试验）。模拟设备绝缘在运行中可能受到的危险的过电压状况，对绝缘施加与之等价的高电压来进行试验，从而考验绝缘耐受这类电压的能力，包括工频高压试验、直流高压试验、冲击高压试验。

（3）两类试验均必不可少，各有特点，不能相互代替，只能互为补充。

1）耐压试验的优势：有效、可信。

不足：可能导致绝缘破坏、不能揭示缺陷的性质和根源。

2）检查性试验优势：可采用多种试验揭示绝缘缺陷的不同性质和根源。

不足：不能直接得出设备绝缘的绝缘水平。

【例 2-1】（多选）破坏性试验包括（   ）。

A. 交流耐压试验　　　　　　　　　　B. 直流耐压试验

C. 操作冲击耐压试验　　　　　　　　D. 雷电冲击耐压试验

【例 2-2】（   ）试验能给出设备的绝缘水平。

A. 泄漏电流　　　　　　　　　　　　B. 耐压试验

C. 介质损耗角正切值　　　　　　　　D. 绝缘电阻

2. 绝缘缺陷分类

（1）集中性缺陷（局部性缺陷）。如悬式绝缘子的瓷件开裂，发电机定子绝缘局部磨损、挤压开裂出现的局部破损、电缆绝缘层内存在的气泡等。

（2）分散性缺陷（整体性缺陷）。例如，电动机、变压器等设备的内绝缘老化、变质、受潮等。

为了避免损失，耐压试验一定要在预防性试验合格通过之后才能进行。

【例 2-3】【相关真题】下列绝缘试验中，属于破坏性试验的是（   ）。

A. 交流耐压试验　　　　　　　　　　　B. 测量电压分布

C. 测量泄漏电流　　　　　　　　　　　D. 测量局部放电

2.1　检查性试验

由于缺陷种类很多、影响各异，因此绝缘预防性试验的项目也就多种多样，每个项目所反映的绝缘状态和缺陷性质也各不相同，故同一设备往往要接受多项试验，才能做出比较准确的判断和结论。

表 2-1 中列出了电力系统中主要电气设备的绝缘预防性试验项目，所用试验电压较低，用不会损伤绝缘的方法测量其某些特性，借以判断绝缘的状态。

表 2-1　　　　　　　　　　　　常见设备预防性试验项目

序号	电气设备	试验项目										
		测量绝缘电阻	测量绝缘电阻和吸收比	测量泄漏电流	测量介质损耗角正切值	测量局部放电	油的介质损耗角正切值	油中含水量分析	油中溶解气体分析	油的电气强度	测量电压分布
1	同步发电机		√		√	√					
2	交流电动机		√								
3	油浸式电力变压器		√	√	√	√	√	√	√	√	
4	电磁式电压互感器	√									
5	电流互感器	√			√		√	√	√	√	
6	油断路器	√			√						
7	悬式和支柱绝缘子	√									√

2.1.1　绝缘电阻、吸收比和泄漏电流的测量　A 类考点

由于电气设备中大多数采用组合绝缘和层式结构，因此在外加直流电压的作用下存在明显的吸收现象，使外电路中出现一个随加压时间而衰减的电流，在相当时间后，趋于稳定值，这个稳定电流就是泄漏电流，与泄漏电流对应的电阻就是电介质的绝缘电阻。这种流过电介质的电流随加压时间的增长而逐渐减小的现象称为吸收现象。

1. 绝缘电阻

绝缘电阻是一切电介质和绝缘结构的绝缘状态较基本的综合性参数，通常指吸收电流衰减完毕后的稳态电阻。吸收电流按指数规律衰减完毕后所测得的稳态电阻值为该试品的绝缘电阻。一般情况下，R_{60s} 接近于稳态绝缘电阻，实际中常用 R_{60s} 代替之。

判断依据：DL/T596—2021《电力设备预防性试验规程》。

测量工具：绝缘电阻表（绝缘电阻表额定电压有 500、1000、2500、5000V 共 4 种）。

种类：手摇式兆欧表和数字式绝缘电阻表。

一个绝缘状况良好的电介质，它的绝缘电阻值应该很大，吸收现象明显；反之，如果电介质受潮严重，或有集中性导电通道，则其绝缘电阻明显降低，泄漏电流增大，吸收现象不明显。图 2-1 中曲线 1 为电流随时间变化的曲线；曲线 2 为绝缘状况良好时绝缘电阻随时间变化的曲线；曲线 3 为绝缘状况受潮或有贯穿性缺陷时绝缘电阻随时间变化的曲线。所以可以通过测量绝缘电阻和泄漏电流的大小来判断绝缘性能的好坏。

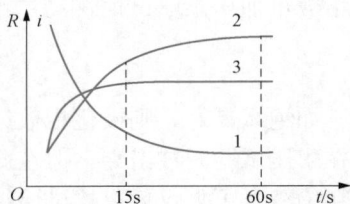

图 2-1　绝缘电阻和吸收电流

2. 测量绝缘电阻能有效地发现的缺陷

总体绝缘质量欠佳；绝缘受潮；两极间有贯穿性的导电通道；绝缘表面情况不佳。测量绝缘电阻不能发现下列缺陷：①绝缘中的局部缺陷，如非贯穿性的局部损伤、含有气泡、分层脱开等；②绝缘的老化。

【例 2-4】　测量绝缘电阻不能有效发现的缺陷是(　　)。

A. 绝缘整体受潮　　　　　　　　　　B. 存在贯穿性的导电通道

C. 绝缘局部严重受潮　　　　　　　　D. 绝缘中的局部缺陷

3. 吸收比

绝缘受潮时，绝缘电阻的绝缘性能显著降低，泄漏电流显著增大，吸收电流迅速衰减。因此，能有效揭示绝缘整体受潮、局部严重受潮、存在贯穿性缺陷等情况，但也有以下局限性。

(1) 大型设备（如大型发电机、变压器）存在较大的电容，吸收电流很大，多数情况下其绝缘为组合绝缘，吸收电流衰减缓慢，延续时间较长，测稳态电阻要花很长的时间。

(2) 对于单一绝缘体，例如悬式绝缘子、支柱绝缘子，直流电压下电流可很快达到稳定，可用绝缘电阻表直接测量绝缘电阻。有些设备（如电动机）由泄漏电流反映的绝缘电阻往往有很大的变化范围，因而很难给出一定的绝缘电阻判断标准。

因此对大型试品一般用测吸收比来代替单一稳态绝缘电阻的测量。吸收比是同一试品在两个不同时刻的绝缘电阻的比值，所以排除了绝缘结构和体积尺寸的影响。

吸收比：加压 60s 时测得的绝缘电阻值与 15s 时测得的电阻值的比。

$$K_1 = \frac{R_{60s}}{R_{15s}} = \frac{I_{15s}}{I_{60s}} \tag{2-1}$$

式中　$K_1 \geqslant 1.3$（远大于 1）——绝缘良好；

　　　$K_1 < 1.3$（接近 1）——绝缘严重受潮。

一般以吸收比大于等于 1.3 作为设备绝缘状态良好的判断标准，但也不尽合适，有些变压器的吸收比虽大于 1.3，但绝缘电阻值很小；有些吸收比小于 1.3，但绝缘电阻值却很大。因此应将绝缘电阻值和吸收比值结合起来考虑，方能作出比较准确的判断。

【例 2-5】　不均匀的绝缘试品，如果绝缘严重受潮，则吸收比 K_1 将(　　)。

A. 远大于 1　　　　B. 远小于 1　　　　C. 约等于 1　　　　D. 不易确定

4. 极化指数

在高电压、大容量电力变压器、电动机这样的设备中，吸收现象会延续很长时间，有时吸收比还不能很好地反映绝缘的真实状态，还可用极化指数 K_2 来代替 K_1，再作判断。极化指数：加压 10min 时测得的绝缘电阻值与 1min 时测得的电阻值的比，即

$$K_2 = \frac{R_{10\min}}{R_{1\min}} \qquad\qquad (2-2)$$

如绝缘良好，则极化指数远大于 1，但不应小于 1.5。某些集中性缺陷已相当严重，以致在耐压试验时被击穿，但在此前测得的绝缘电阻、吸收比、极化指数并不低，因为缺陷未贯穿绝缘。可见仅凭上述试验结果判断绝缘状态是不够可靠的。

【例 2-6】 大电容量的设备绝缘电阻测量完毕后，为防止电容电流反充电损坏绝缘电阻表，应（   ）。

A. 先断开绝缘电阻表与设备的连接，再停止绝缘电阻表

B. 先停止绝缘电阻表，再断开绝缘电阻表与设备的连接

C. 断开绝缘电阻表与设备的连接和停止绝缘电阻表同时操作

D. 先对设备进行放电，再进行其他操作

【例 2-7】 大型同步发电机和电力变压器绕组绝缘受潮后，其极化指数（   ）。

A. 变大   B. 变小   C. 不变   D. 不稳定

5. 绝缘电阻表工作原理

根据设备电压等级的不同，选用不同电压的绝缘电阻表；额定电压 1kV 以下的试品，使用 500、1000V 绝缘电阻表。额定电压 1kV 及以上的试品使用 2500、5000V 绝缘电阻表。图 2-2 中为绝缘电阻表的接线端子布置图。绝缘电阻表有三个接线端子，分别标有 L（线路）、E（接地）和 G（屏蔽）。

当测量电力设备对地的绝缘电阻时，被试品接入 L、E 端子之间，摇动发电机手柄，直流电压就加在两个并联的支路上。

试验方法：规定加电压后（转速 120r/min）指针稳定后测得的数值为该试品的绝缘电阻值。

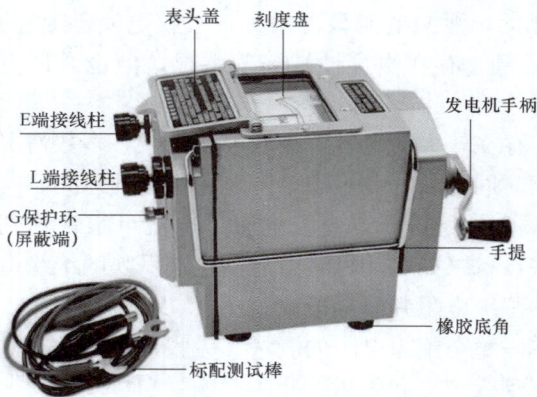

图 2-2　绝缘电阻表端子布置

图 2-3 为绝缘电阻表的原理结构图，其中 G 为手摇（或电动）直流发电机，它有两个相互垂直，绕向相反并固定在一起的电压绕组 LV 和电流绕组 LA，它们处在同一永磁磁场中，它可以带动指针旋转，由于没有弹簧游丝，因此没有反作用力矩，当绕组中没有电流时指针可以停留在任意位置。

图 2-4 所示为套管的绝缘电阻测试接线图，试验时将端子 E 接于套管的法兰上，将端子 L 接于导电芯上，如果不接屏蔽端子 G，则从法兰沿套管表面的泄漏电流和从法兰至套管内部体积的泄漏电流均流过电流绕组，此时绝缘电阻表测得的绝缘电阻值是套管的体积电阻和表面电阻的并联值，为了保

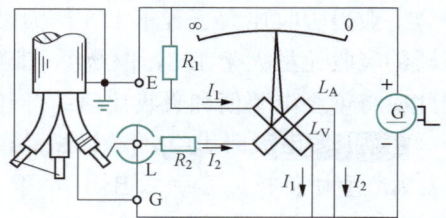

图 2-3　绝缘电阻表原理结构

证测试的精确，避免由于表面受潮而引起测量误差，可在导电芯附近的套管表面缠上几匝裸铜丝（或加一个金属屏蔽环），并将它接到绝缘电阻表的屏蔽端子上，这样测得的绝缘电阻便是消除了表面泄漏电流的影响，故绝缘电阻表的屏蔽端子起着消除表面泄漏电流的作用。

6. 注意事项

（1）试验前应拆除被测试设备电源及一切外连线，并将被测试物短接后接地放电 1min，电容量较大的应至少放电 2min，以免发生触电。

（2）校验绝缘电阻表指针是否指零或无穷大。

（3）用干燥、清洁的柔软布擦去被测试物表面的污垢，必要时可先用汽油洗净套管的表面积垢，以消除表面的影响。

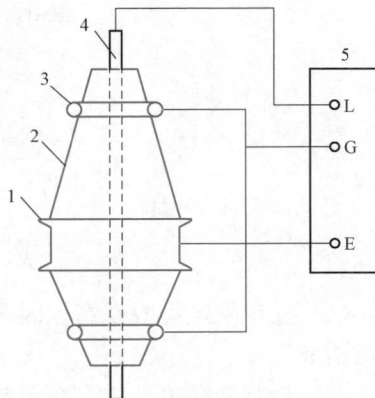

图 2-4　套管绝缘电阻的测试接线
1—法兰；2—瓷体；3—屏蔽环；4—芯柱

（4）接好线，如用绝缘电阻表时，应用恒定转速（120r/min）转动摇柄，绝缘电阻表指针逐渐上升，待 1min 后读取其绝缘电阻值。

（5）在测量吸收比时，为了在开始计算时就能在被测试物上加上全部试验电压，应在绝缘电阻表达到额定转速时再将表笔接于被测试物，同时计算时间，分别读取 15s 和 60s 的读数。

（6）试验完毕或重复进行试验时，必须将被测试物短接后对地充分放电。这样除可保证安全外，还可提高测试的准确性。

（7）记录被测试设备的铭牌、规范、所在位置及气象条件（气压、温度）等。

【例 2-8】　用绝缘电阻表摇测电气设备绝缘时，如果绝缘电阻表转速与要求转速低得太多时，其测量结果与实际值比较(　　)。

A. 可能偏高　　　　B. 可能偏低　　　　C. 大小一样　　　　D. 不确定

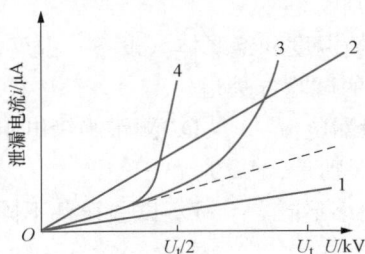

图 2-5　发电机泄漏电流变化曲线

7. 泄漏电流的测量原理

与测量绝缘电阻的原理一致，测量泄漏电流所加电压较高，且能发现采用绝缘电阻表测量绝缘电阻的方法所不能发现的缺陷。

图 2-5 是发电机的几种不同的泄漏电流变化曲线，其中，1 代表绝缘良好，2 代表绝缘受潮，3 代表有集中性绝缘缺陷；4 代表有严重的集中性绝缘缺陷。

本试验项目所需的设备仪器和接线方式与后续的直流耐压试验相似，这里仅给出简单的试验接线，如图 2-6 所示，为减小误差，应将测量系统和被测试品用屏蔽系统全部屏蔽。

8. 泄漏电流测量的特点

直流泄漏电流测量与绝缘电阻测量的原理基本相同，都是对被测试品施加直流电压。绝缘电阻表指示的读数是绝缘电阻阻值，实际上所反映的也是直流电压作用下流过被测试品的泄漏电流的大小。

泄漏电流测量的特点如下。

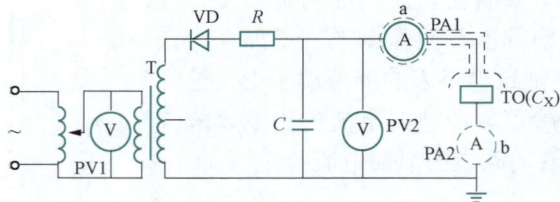

图 2-6 泄漏电流测量回路原理图

（1）发现缺陷有效性高。因为测泄漏电流时所加的直流电压一般比绝缘电阻表大，并可任意调节。

（2）易判断缺陷性质。在泄漏试验时，记下不同电压下的泄漏电流值并画成曲线，根据曲线的形状可判断缺陷性质。

（3）发现缺陷的灵敏度高。进行泄漏电流试验时采用灵敏度很高的微安表测量，其刻度均匀，读数精确。

9. 泄漏电流的试验方法

直流泄漏电流试验和直流耐压试验常利用同一套直流高压发生装置同时进行。

泄漏电流测试是 35kV 及以上少油断路器、空气断路器的重要试验项目。

被测试品额定电压 35kV 及以下施加 10～30kV 直流电压；被测试品额定电压 110kV 及以上施加 40kV 直流电压；试验时电压分阶段升高；每阶段停留 1min，微安表读数即为泄漏电流；绘制泄漏电流与加压时间、泄漏电流与试验电压关系曲线后进行分析。

注意事项：

（1）用一开关将微安表短路。

（2）试验完毕，必须先将被测试品上的剩余电荷放掉。

（3）试验小容量试品时，需接入滤波电容以减小电压脉动。

（4）对绝缘状况进行判断时，也应该先进行比较后作出判断。

（5）测量过程中注意温度的影响，测量时一定要记录环境温度和绝缘体（设备）温度。

【例 2-9】 能有效判别设备绝缘中的一些集中性缺陷的试验方法是（　　　）。

A. 测量 $\tan\delta$　　　　B. 测量吸收比　　　　C. 测量泄漏电流　　　　D. 测量绝缘电阻

【例 2-10】 测量绝缘电阻和测量泄漏电流最主要的区别是（　　　）。

A. 试验原理不同　　　B. 加压时间不同　　　C. 电压大小不同　　　D. 试验设备不同

【例 2-11】 泄漏电流的测量本质上也是测量（　　　）。

A. 绝缘电阻　　　　　B. 绝缘老化　　　　　C. 介电常数　　　　　D. 老化系数

【例 2-12】 测量绝缘电阻吸收比（或极化指数）时，应用绝缘工具先将高压端引线接通被测试品，然后驱动绝缘电阻表至额定转速，同时记录时间；在分别读取 15s 和 60s（或 1min 和 10min）时的绝缘电阻后，应先停止绝缘电阻表的转动，再断开绝缘电阻表与试品的高压连接线，将试品接地放电。（　　　）

A. 正确　　　　　　　B. 错误

【例 2-13】 根据绝缘电阻测量结果可以推断绝缘的耐压水平或击穿电压。（　　　）

A. 正确　　　　　　　B. 错误

2.1.2　介质损耗角正切的测量　A 类考点

测量 tanδ 能有效发现绝缘能反映绝缘的整体性缺陷（全面老化），小容量测试品中的严重局部缺陷。tanδ 随电压的变化曲线可判断绝缘是否受潮，含有气泡及老化程度。但不能灵敏地反映大容量发电机、变压器和电力电缆绝缘中的局部性缺陷，这时应尽可能将这些设备分解，分别测量它们的 tanδ。如果绝缘内部的缺陷不是分散性而是集中性的，则用测 tanδ 反应不灵敏。

1. 西林电桥的测量原理

西林电桥（高压交流平衡电桥），另外还有不平衡电桥和低功率因数功率表。西林电桥基本原理如图 2-7 所示。其中，被测试品的等值电容和电阻分别为 C_X 和 R_X；R_3 为可调的无感电阻；C_N 为高压标准电容器的电容；C_4 为可调电容；R_4 为定值无感电阻；P 为交流检流计。

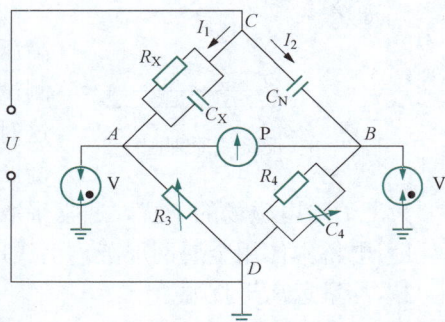

图 2-7　西林电桥原理接线图（正接线）

在交流电压的作用下，调节 R_3 和 R_4，使电桥达到平衡，即通过交流检流计 P 的电流为零，因而 $U_{CA}=U_{CB}$，$U_{AD}=U_{BD}$ 可求得被测试品电容 C_X 和等值电阻 R_X。表达式如下：

$$C_X = \frac{R_4 C_N}{R_3(1+\omega^2 C_4^2 R_4^2)} \tag{2-3}$$

$$R_X = \frac{R_3(1+\omega^2 C_4^2 R_4^2)}{\omega^2 C_4 R_4^2 C_N} \tag{2-4}$$

介质并联等值电路的介质损耗角正切值

$$\tan\delta = \frac{1}{\omega C_X R_X} = \omega C_4 R_4 \tag{2-5}$$

因为 $\omega = 2\pi f = 100\pi$，如取 $R_4 = \frac{10000}{\pi}\Omega$，并取 C_4 的单位为 μF，则简化为 $\tan\delta = C_4$。

【例 2-14】 【相关真题】通常，采用介质损耗角正切值作为综合反映电介质电导特性优劣的一个指标（　　）。

A. 正确　　　　　　　　　　　　　　B. 错误

【例 2-15】 用西林电桥测量介质损耗角正切值，可以灵敏地发现（　　）。

A. 绝缘普遍性受潮　　　　　　　　　B. 绝缘局部磨损

C. 绝缘的局部受潮　　　　　　　　　D. 绝缘中有小气泡

2. 西林电桥的接线方法

（1）正接线。被测试品和标准无损电容接在高压侧、电桥本体接在低压侧，由于桥臂 1、2 的阻抗远大于桥臂 3、4 的，因此外加电压大部分降落在桥臂 1 和桥臂 2 上，在调节部分 R_3、C_4 上的电压降通常只有几伏，对操作人员没有危险，这种方式适用于实验室中的测量。一般应用于实验室内的测试材料及小设备，实现样品的对地绝缘。

（2）反接线。电桥调节臂的全部元件对机壳必须具有高绝缘强度，调节手柄的绝缘强度更能保证人身安全。这种方式适用于工程现场大试品被动接地的情况，反接线原理如图 2-8

所示。

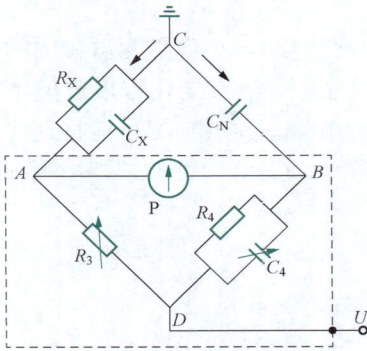

图 2-8 反接线原理图

【例 2-16】 实验室内的测试材料及小设备，一般用（   ）。

A. 反接法　　　　　　　B. 正接法

C. 都行　　　　　　　　D. 视情况而定

3. 测量 $\tan\delta$ 的影响因素

测量 $\tan\delta$ 的影响因素有如下几种。

（1）外界电磁场的干扰影响。外界电磁场的干扰包括高压电源和试验现场高压带电体引起的电场干扰。在现场测试条件下，电桥往往处于一个相当显著的交变磁场中，这时电桥接线内也会感应出一个干扰电动势，对电桥的平衡产生影响，也将导致测量误差。

为了消除电磁场的干扰，通常采取以下措施：

1）电桥本体用金属网屏蔽，引线用屏蔽电缆。

2）尽量远离干扰源。

3）采用移相电源：调节电源的相位，使被测电路电流的相位与干扰电流的相位相同或相反，试品电容的实际值应为正、反相位两次测量值的平均值。基本上可消除同频率的电场干扰造成的测量误差。

4）采用倒相法：将电源反相再进行一次测量，取两次的平均值也可采用改变接法。

5）采用异频电源：分别在 45、55Hz 下测量，然后取平均值。

（2）温度的影响。一般绝缘的 $\tan\delta$ 值均随温度的上升而增加。

一般来说，对各种被测试品，不同温度下 $\tan\delta$ 的值是不可能通过常规的换算式来获得准确的换算值，应尽量争取在差不多的温度条件下测出 $\tan\delta$ 值，并以此来做相互比较。

通常以 20℃ 时的 $\tan\delta$ 作为参考标准，为此，一般要在 10～30℃ 范围内进行测量。

（3）试验电压的影响。一般来说，良好的绝缘在额定电压范围内，其 $\tan\delta$ 值几乎保持不变，如图 2-9 中的曲线 1 所示。如果绝缘内部存在空隙或气泡时，情况就不同了，当所加电压尚不足以使气泡电离时，其 $\tan\delta$ 值与电压的关系与良好绝缘没有任何差别；但当所加电压大到能引起气泡发生电离或局部放电时，$\tan\delta$ 值即开始随 U 的升高而迅速增大，电压回落时电离要比电压上升时更强一些，因而会出现闭环状曲线，如图 2-9 中的曲线 2 所示。

如果绝缘受潮，则电压较低时的 $\tan\delta$ 值就已相当大，电压升高时，$\tan\delta$ 更将急剧增大；电压回落时，$\tan\delta$ 也要比电压上升时更大一些，因而形成不闭合的分叉曲线，如图 2-9 中的曲线 3 所示，主要原因是介质的温度因发热而升高了。

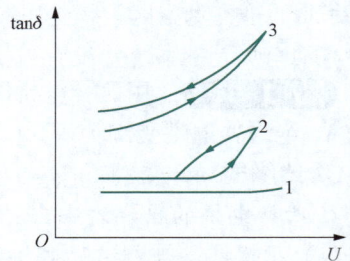

图 2-9 试验电压的典型关系曲线
1—良好的绝缘；2—绝缘中存在的气隙；
3—受潮绝缘

（4）试品电容量的影响。对于电容量较小的试品（如套管、互感器等），测量 $\tan\delta$ 能有效地发现局部集中性缺陷和整体分布性缺陷。但对电容量较大的试品（如大中型发电机、变压器、电力电缆、电力电容器等）测量 $\tan\delta$ 只能发现整体分布性缺陷。

（5）试品表面泄漏的影响。试品表面泄漏电阻总是与试品等值电阻 R_X 并联，显然会影响所测得的 $\tan\delta$ 值，这在试品的 C_X 较小时需要注意。为了排除或减小这种影响，在测试前应清除绝缘表面的积污和水分，必要时还可在绝缘表面上装设屏蔽极。

【例 2 - 17】 测量介质损耗因数，通常不能发现的设备绝缘缺陷是（　　）。

A. 整体受潮
B. 整体劣化
C. 小体积试品的局部缺陷
D. 大体积试品的局部缺陷

【例 2 - 18】 测量介质损耗角正切值时，采用移相法可以消除（　　）的干扰。

A. 高于试验电源频率
B. 与试验电源同频率
C. 低于试验电源频率
D. 任何频率

【例 2 - 19】 下列哪个不是在弱电场下电介质出现的电气现象？（　　）

A. 极化
B. 闪络
C. 电导
D. 介质损耗

【例 2 - 20】 消除外界电磁场的干扰影响的方法：将电桥的低压臂和检流计用（　　）加以屏蔽。

A. 金属网
B. 电缆线
C. 接地极
D. 接地电容

【例 2 - 21】 （多选）测量介损不能有效地发现（　　）。

A. 大容量设备的局部缺陷
B. 非穿透性局部损坏（测介质损耗时没有发生局部放电）
C. 很小一部分绝缘的老化劣化
D. 个别的绝缘弱点

2.1.3　局部放电的测量　A 类考点

局部放电的测量能测出绝缘内部是否存在气泡、空隙、杂质等缺陷。测定电气设备在不同电压下的局部放电强度和发展趋势，就能判断绝缘内是否存在局部缺陷，以及介质老化的速度和当前的状态。

1. 局部放电的概念

电气设备的绝缘系统中，各部位的电场强度往往不相等，当局部区域的电场强度达到该区域介质的击穿场强时，该区域就会出现放电，但这种放电并没有贯穿施加电压的两个导体之间，即整个绝缘系统并没有被击穿，仍然保持绝缘性能，该现象称为局部放电。常见的局部放电有以下 3 种情况：

（1）发生在绝缘体内的称为内部局部放电（固体—空穴；液体—气泡）。
（2）发生在绝缘体表面的称为表面局部放电。
（3）发生在导体边缘，而周围都是气体的，可称为电晕放电。

电场不均匀的原因：

（1）电气设备的电极系统不对称。
（2）介质不均匀。
（3）绝缘体中含有气泡或其他杂质。

局部放电的效应：

（1）物理过程复杂，伴随电、声、光、热等及生成物。

（2）在放电处有电荷交换、有电磁波辐射、有能量损耗。

（3）试品施加电压的两端有微弱的脉冲电压出现。

【例 2 - 22】　在低于击穿电压的作用下，尖极发生的局部放电现象称为（　　）。

A．辉光放电　　　　　B．余光放电　　　　　C．非自持放电　　　　　D．电晕放电

2. 局部放电的特点

局部放电有以下特点。

（1）电能量很小，短时间内存在不影响电气设备的绝缘强度。

（2）对绝缘的危害是逐渐加大的，它的发展需要一定的时间：累积效应—缺陷扩大—绝缘击穿。

（3）绝缘系统寿命的评估分散性很大。发展时间、局部放电种类、产生位置、绝缘种类等有关。

（4）局部放电试验属非破坏性试验，不会造成绝缘损伤。

（5）绝缘中的局部放电是引起电介质老化的重要原因，也是电老化的主要原因。

3. 表征局部放电的基本参数

表征局部放电的基本参数如下。

（1）视在放电量 q。

$$q \approx C_a \Delta U (pC)$$

其中，C_a 为试品电容；ΔU 为气隙放电时，试品两端的压降。

q 既是发生局部放电时试品 C_a 所放掉的电荷，也是电容 C_b 上的电荷增量。（比真实放电量小得多）。

局部放电的三电容模型，如图 2 - 10 所示。

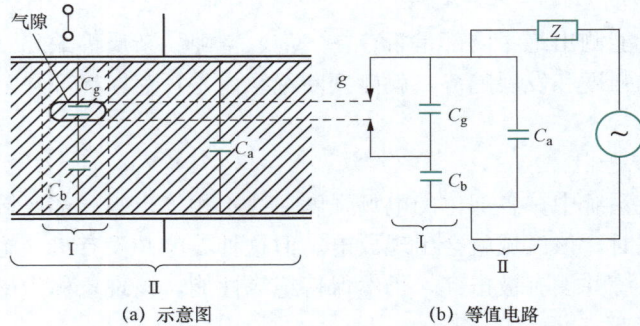

图 2 - 10　绝缘内部气隙局部放电的等值电路

概念：以 3 个电容来表征介质内部存在缺陷时的局部放电的原理。与 C_g 并联的放电间隙 g 的击穿等值于该气隙中发生的火花放电，Z 代表气隙放电脉冲频率的电源阻抗。

视在放电量

$$q = \frac{C_b}{C_g + C_b} q_r$$

可见，视在放电量 q 和真实放电量 q_r 之间存在比例关系，所以测得 q 值也就能相对地反映 q_r 的大小。

（2）放电重复率（N）（脉冲重复率）。在选定的时间间隔内测得的每秒发生放电脉冲的平均次数，表示局部放电的出现频率。与外加电压的大小有关，外加电压增大时，放电次数

也随之增多。

（3）放电能量（W）。通常指一次局部放电所消耗的能量，其表达式为 $W = \frac{1}{2}qU_i$。

其中，q 为视在放电量；U_i 为局部放电起始电压。

4. 表征局部放电的其他参数

除了上述 3 个基本参数外，还可以用以下参数表征局部放电：①平均放电电流；②放电的均方率；③放电功率；④局部放电起始电压；⑤局部放电熄灭电压。

【例 2 - 23】　在局部放电测量中，视在放电量指的是（　　）。

A. 真实放电量　　　　　　　　　　B. 比真实放电量小

C. 比真实放电量大　　　　　　　　D. 是衡量局部放电强度的唯一参数

【例 2 - 24】　（多选）表征局部放电的参数有（　　）。

A. 视在放电量　　　　　　　　　　B. 放电重复率

C. 放电能量　　　　　　　　　　　D. 平均放电电流

5. 局部放电检测方法

（1）电气检测。

1）脉冲电流法。常见的测试回路如图 2 - 11 所示。

2）介质损耗法。

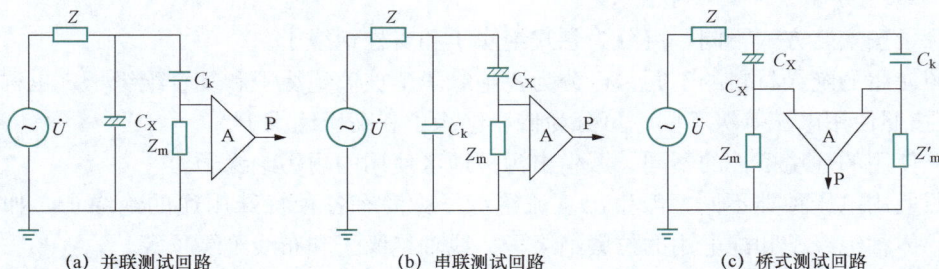

图 2 - 11　用脉冲电流法检测局部放电的测试回路

示波器、峰值电压表或脉冲计数器等为测量仪器 P，若 P 为脉冲计数器，则测得的是放电重复率。

3 种回路的基本目的都是使在一定电压作用下的被测试品 C_X 中产生的局部放电电流脉冲流过检测阻抗 Z_m，然后把 Z_m 上的电压或 Z_m 及 Z'_m 上的电压差加以放大后送到测量仪器 P 上去，所测得的脉冲电压峰值与试品的视在放电量成正比，只要经过适当的校准，就能直接读出视在放电量 q 的值（pC）。

（2）非电气检测。

1）噪声检测法。目前主要微音器或其他传感器和超声波探测仪等作非主观性的声波和超声波检测，常用作放电定位。近年来，采用超声波探测仪检测的特点是抗干扰能力强，使用方便，可以在运行中或耐压试验时检测局部放电，适合预防性试验的要求。

2）光学分析法。当发生沿面放电和电晕放电时常用该方法，且效果很好。绝缘内部发生局部放电时，会释放光子而产生光辐射，可用光电倍增器或影像量化器等辅助仪器来增加检测的灵敏度。

3）化学分析法。用气相色谱仪对绝缘油中溶解的气体进行色谱分析。通过分析绝缘油中溶解气体的成分和含量，能够判断设备内部隐藏的缺陷类型。优点：能发现充油电气设备中一些用其他试验方法不易发现的局部性缺陷（包括局部放电）。此法灵敏度相当高，操作简单，设备不需停电，适合于在线绝缘诊断，因而获得了广泛应用。

例如，当设备内部有局部过热或局部放电等缺陷时其附近的油就会分解而产生烃类气体及 H_2、CO、CO_2 等，它们不断溶解于油中。局部放电所引起的气相色谱特征是设备内部 C_2H_2 和 H_2 的含量较大。

【例 2-25】（多选）属于局部放电实验中非电的测量方法的有（　　）。
A. 射频检测法、无线电干扰电压法、超高频检测法
B. 化学分析法
C. 光检测法
D. 噪声检测法

【例 2-26】【相关真题】（多选）局部放电的电气检测方法有（　　）。
A. 光检法　　　　B. 介质损耗法　　　　C. 噪声检测法　　　　D. 脉冲电流法

2.1.4　电压分布的测量　C 类考点

1. 绝缘子分类

绝缘子按安装方式不同，可分为悬式绝缘子和支柱绝缘子。

按照使用的绝缘材料的不同，可分为瓷绝缘子、玻璃绝缘子和复合绝缘子（也称合成绝缘子）；按照使用电压等级不同，可分为低压绝缘子和高压绝缘子。

按照使用的环境条件的不同，派生出污秽地区使用的耐污绝缘子。

按照使用电压种类不同，派生出直流绝缘子：尚有各种特殊用途的绝缘子，如绝缘横担、半导体釉绝缘子和配电用的拉紧绝缘子、线轴绝缘子和布线绝缘子等。

2. 不同情况下绝缘的电压分布规律

绝缘中某一部分因损坏使绝缘电阻绝缘性能急剧下降，表面电压分布会有明显的改变。测量电压分布最适用于那些由一系列元件串联组成的绝缘结构。

（1）表面比较清洁时，其分布规律取决于绝缘结构本身的电容和杂散电容。

（2）表面污染受潮时，电压分布规律取决于绝缘材料表面的电导。

图 2-12（a）为输电线路悬式绝缘子等值电路，图中 C 为每片绝缘子的本体电容，C_1 为各元件对地电容，C_2 为各元件与高压导线之间的电容。C_1 的影响是造成一定的分流，使最靠近高压导线的那片绝缘子流过的电流最大，因而分到的电压也最大。C_2 的影响使最靠近接地端的那片绝缘子流过的电流最大，因而电压也最高，其余各片上的电压依次减小。

由于 $C_1 \gg C_2$，因此 C_1 的影响更大，最后电压分布如图 2-12（b）所示。

输电线路悬式绝缘子的电压分布的特点：电压两头大、中间小。

为了使绝缘子串上的电压分布均匀些，特别是减小靠近导线的那几片绝缘子所分到的电压，可在绝缘子串与导线连接处装设均压金具。它能增大 C_2 的值，有利于补偿 C_1 的影响，所以能有效地改善沿绝缘子串的电压分布，如图 2-13 所示。在现代输电线路中，一般只对额定电压大于等于 220kV 的线路的绝缘子串加装均压金具。

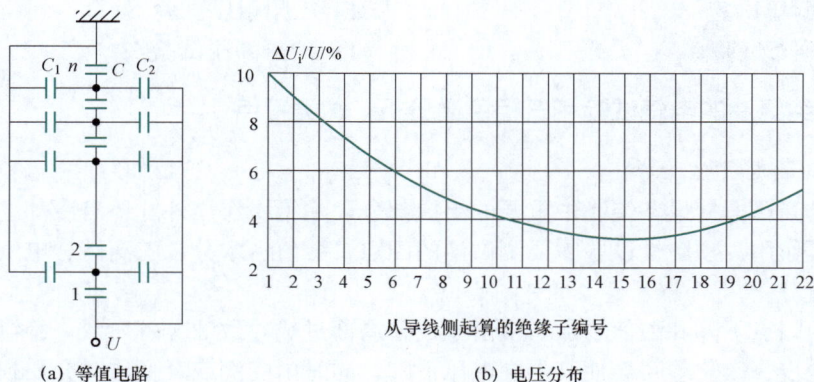

(a) 等值电路　　　　　　　　　　(b) 电压分布

图 2 - 12　输电线路悬式绝缘子串电压分布

3. 测量电压分布的主要目的

测量电压分布的主要目的如下。

（1）电压分布测量能反映绝缘子的一些特征，如污秽分布状况、绝缘子绝缘状况等。测量电压分布可以掌握绝缘子串的污秽分布和电压分布情况。

（2）另一方面通过测量电压分布，可判别零值绝缘子。

因此，测量电压分布是不停电检查劣化绝缘子及绝缘子污秽的有效方法。

4. 零值绝缘子

如果某一片绝缘子的实测电压低于标准值的一半时，即可认定它为劣化绝缘子（称为低值或零值绝缘子）。如图 2 - 14 中的第 3 片绝缘子。

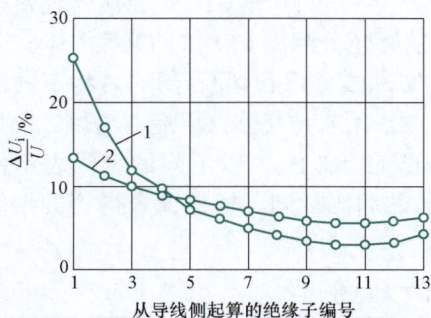

图 2 - 13　线路绝缘子串电压分布
1—无均压环时；2—装均压金具时

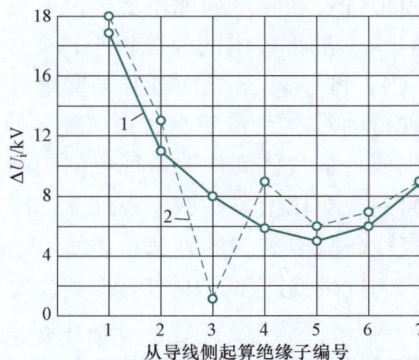

图 2 - 14　绝缘子串电压分布的比较
1—正常的电压分布；2—实际测得的电压分布

【例 2 - 27】　对线路绝缘子串，承受电压最高的绝缘子是（　　　）。

A. 靠铁塔处　　　　　　　　　　　　B. 中间部分

C. 靠导线处　　　　　　　　　　　　D. 整串承受电压一样

【例 2 - 28】　非破坏性试验有（　　　）。

A. 直流耐压试验　　　　　　　　　　　　B. 工频耐压试验

C. 电压分布试验　　　　　　　　　　　　D. 冲击高压试验

2.1.5　绝缘油的电气试验和气相色谱分析　A 类考点

1. 绝缘油的电气试验

绝缘油是高压电气设备绝缘中重要的组成部分，除绝缘作用外，还有冷却的作用，在断路器中起灭弧作用。预防性试验需要测试油的闪点、酸值、水分、游离碳、电气强度及介质损耗角正切值等。

绝缘油的闪点下降和酸值增加，常由于设备局部过热导致油分解所致。绝缘油受潮、脏污（如纤维尘埃、碳化等）会使其击穿电压下降，同时由受潮或者变质时介质损耗角正切值 $\tan\delta$ 增加。

通过在标准试油杯中做油的击穿试验，以及在专用的实验电极中测油的介质损耗角正切值 $\tan\delta$ 可以检查油的电气性能，由于温度对油的介质损耗角正切值 $\tan\delta$ 的影响较大，温度高时不同质量油的介质损耗角正切值 $\tan\delta$ 差别可能更大，故测量介质损耗角正切值 $\tan\delta$ 需要将电极放在恒温箱中。

2. 绝缘油的气相色谱分析

新的绝缘油中溶解的气体主要是空气，即氮气（N_2，约占 71%）和氧气（O_2，约占 28%）。当电气设备内部有局部过热（电弧放电）或局部放电缺陷（弱放电缺陷）时，缺陷附近的绝缘将会分解而产生大量的各种烃类气体，以及 H_2、CO 和 CO_2 等气体，并不断溶解于绝缘油中。因此，通过检查电气设备油样内所含气体的组成和含量，可以判断设备内部的绝缘缺陷。

根据模拟试验和大量的现场试验，电弧放电的电流大，变压器油主要分解出 C_2H_2、H_2 及较少的 CH_4；局部放电的电流较小，变压器油主要分解出 H_2 和 CH_4；变压器油过热时分解出 H_2、CH_4 和 C_2H_4 等，而纸和某些绝缘材料过热时还分解出 CO 和 CO_2 等气体。

我国现行的 GB/T 7252—2014《变压器油中溶解气体分析和判断导则》，将不同故障类型产生的主要特征气体和次要特征气体归纳为表 2-2。用 5 种气体（甲烷、乙烷、乙烯、乙炔、氢气）的三对比值：C_2H_2/C_2H_4、CH_4/H_2 和 C_2H_4/C_2H_6，以不同的编码表示作为判断充油电气设备故障类型的方法。表 2-3 是三比值的编码规则，根据该表得到的编码，可以在表 2-4 中查到对应的故障类型。

表 2-2　　　　　　　　　　　　　　**不同故障类型产生的气体组分**

故障类型	主要气体成分	次要其他组分
油过热	CH_4、C_2H_4	H_2、C_2H_6
油和纸过热	CH_4、C_2H_4、CO、CO_2	H_2、C_2H_6
油纸绝缘中局部放电	H_2、CH_4、C_2H_2、CO	C_2H_6、CO_2
油中火花放电	C_2H_2、H_2	
油中电弧	H_2、C_2H_2	CH_4、C_2H_4、C_2H_6
油和纸中电弧	H_2、C_2H_2、CO、CO_2	CH_4、C_2H_4、C_2H_6
进水受潮或油中气泡	H_2	

表 2 - 3　　　　　　　　　　　　三 比 值 的 编 码 规 则

气体比值 α 的范围	C_2H_2/C_2H_4	CH_4/H_2	C_2H_4/C_2H_6
$\alpha<0.1$	0	1	0
$0.1\leq\alpha<1$	1	0	0
$1\leq\alpha<3$	1	2	1
$\alpha\geq3$	2	2	2

表 2 - 4　　　　　　　　　　三比值编码规则故障类型的判断

比值范围编码			故障类型
C_2H_2/C_2H_4	CH_4/H_2	C_2H_4/C_2H_6	
0	0	1	低温过热（<150℃）
0	2	0	低温过热（150~300℃）
0	2	1	中温过热（300~700℃）
0	2	2	高温过热（>700℃）
0	1	0	局部放电
2	0, 1	0, 1, 2	低能放电
2	2	0, 1, 2	低能放电兼过热
1	0, 1	0, 1, 2	电弧放电
1	2	0, 1, 2	电弧放电兼过热

3. 绝缘油的液相色谱分析

高效液相色谱分析方法是以液体作为流动相的一种色谱分析法。糠醛是一种五环化合物，是固体绝缘降解（老化）的特征性产物，其来源具有唯一性，其浓度高低代表了变压器老化的最佳指标。根据《电力设备预防性试验规程》DL/T 596—2021，当变压器油中糠醛浓度达到 4mg/L 时，认为变压器绝缘材料老化已经比较严重。

研究表明，油中糠醛浓度达到 0.5mg/L 时，变压器整体绝缘水平处于寿命的中期；油中糠醛浓度达到 1~2mg/L 时，变压器绝缘材料老化严重；油中糠醛浓度达到 3.5mg/L 时，变压器绝缘材料寿命终止。

【例 2 - 29】　绝缘油在电弧作用下产生的气体大部分是（　　）。
A. 甲烷、乙烯　　　　　　　　　　　　B. 氢、乙炔
C. 一氧化碳、二氧化碳　　　　　　　　D. 氢、甲烷

【例 2 - 30】　变压器进水受潮时，油中溶解气体色谱分析含量最高的气体组分是（　　）。
A. 乙炔　　　　　B. 甲烷　　　　　C. 氢气　　　　　D. 一氧化碳

【例 2 - 31】　以下（　　）气体不是三比值编码规则分析中用到的气体。
A. 乙炔　　　　　B. 甲烷　　　　　C. 氢气　　　　　D. 一氧化碳

2.1.6　绝缘状态的综合判断方法　B 类考点

各种检测性的试验对揭示绝缘中的缺陷和掌握绝缘性能的变化趋势各具一定的功能，也

各有自己的局限性，即使是同一试验项目用于不同设备时效果也不尽相同，通常不能孤立地根据某一项试验结果对绝缘状态下结论，而必须将各项试验结果联系起来进行综合分析，并考虑被测试品的特点和特殊要求，方能作出正确的判断。

如果某一被试品的各项试验均顺利通过，各项指标均符合有关标准、规程的要求，一般就可认为其绝缘状态良好、可继续运行。

如果有个别试验项目不合格，达不到规程的要求，需要多方比较，综合确定。

（1）与同类型设备比较：因为同类型设备在同样条件下所得的试验结果应大致相同，若差别悬殊就可能存在问题。

（2）在同一设备的三相试验结果之间进行比较：若有一相结果相差达 50% 以上时，该相很可能存在缺陷。

（3）与该设备技术档案中的历年试验所得数据作比较：若性能指标有明显下降的情况，应该警惕出现新缺陷的可能性。

2.2 耐 压 试 验

2.2.1 工频高电压试验 A 类考点

1. 工频耐压试验的目的

工频耐压试验是鉴定电气设备绝缘强度的最有效和最直接的方法。它可以用来确定电气设备绝缘的对各类电压的耐受水平，它可以判断电气设备能否继续运行。它是避免在运行中发生绝缘事故的重要手段。

工频耐压试验的优点是可准确地考验绝缘的裕度，能有效地发现较危险的集中性缺陷。但是交流耐压试验有缺点，即对于固体有机绝缘，在较高的交流电压作用时，会使绝缘中一些弱点不可逆转地更加劣化，以至于击穿。

2. 高压试验变压器

工频高压的产生方法：①高压试验室中的工频高电压通常采用高压试验变压器或其串级装置来产生。高压试验变压器是高压试验室较基本的、不可缺少的主要设备，它被当作电源，并且也是交流、直流和冲击耐压试验设备的组成部分。②对电容量较大的被试样，可采用串联谐振回路来获得工频高电压。图 2-15 给出了工频高压试验的一般接线图。

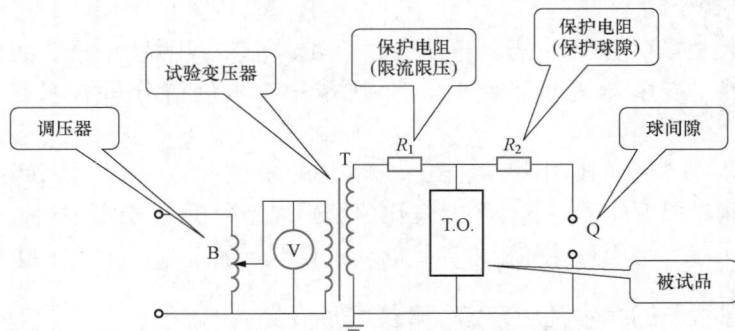

图 2-15 工频高压试验的一般线路图

特点：

高压试验变压器大多数为油浸式，有金属壳及绝缘壳两类。

（1）金属壳变压器又可分为单套管和双套管两种。

1）单套管试验变压器的高压绕组一端接地，另一端（高压端）经高压套管引出，输出额定电压 U_n。单套管式试验变压器额定电压一般不超过 250～300kV。

2）双套管试验变压器（半绝缘试验变压器）高压绕组的中点通常与外壳相连，两端各经一只套管引出，这样每个套管所承受的只是额定电压 U_n 的一半，因而可以减小套管的尺寸和质量。当高压绕组一端接地时，外壳应当按 $0.5U_n$ 对地绝缘。双套管式试验变压器最高额定电压能做到 750～1000kV。

（2）绝缘筒式试验变压器的高压绕组的中点与铁芯相连，其两端分别与绝缘筒两端的金属板相连，高压绕组对铁芯的绝缘也按全电压的一半考虑。绝缘筒既作为电容，又作为外绝缘。采用环氧浇注筒壳，全绝缘处理多适用于户内。

受到试验变压器体积和质量的限制，单台变压器的额定电压不可能做得太高。当所需产生的工频试验电压很高（如超过 750kV）时，再采用单台试验变压器来实施，在技术和经济上不合理。$U \geqslant 1000kV$ 时，都要采用若干台试验变压器组成串级装置来满足要求。

3. 调压装置

为了防止高压端出现异常电压，一次侧电压投入应尽可能从低电压开始，逐渐升高至试验电压值。通常，在高压试验变压器的前级选配适合的调压器，借助调压器进行电压调整，使高压试验变压器输出满足所要求的无级、连续、均匀变化的试验电压。

高压试验配用的调压器，除了其输出容量、相数、频率、输出电压变化范围等基本参数应满足试验要求外，还要求调压器应具有：

（1）输出电压质量好，要求调压器输出的电压波形应尽量接近正弦波，输出电压下限最好为零。

（2）调压特性好，要求调压器阻抗不易过大。调压特性曲线平滑、线性、调节方便、可靠。

常用的调压装置类型有：

（1）自耦调压器。调压范围广、漏抗小、功耗小、波形畸变小。滑动触头受热容量限制。适用于小容量试验变压器。

（2）感应调压器。结构与绕线转子异步电动机相似，通过改变转子与定子的相对位置调压。容量大、漏抗大、价格高。

（3）移圈调压器。调压均匀，容量大，漏抗较大，波形畸变大。因此这种调压方式被广泛应用在对容量要求较高，对波形要求不十分严格的场合。

65

（4）电动—发电机组：调压方式不受电网电压质量影响。但投资和运行费用大，适用于对试验电压要求很高的场合。

4. 自耦式串级试验变压器

试验电压 $U \leqslant 500 \sim 750 \mathrm{kV}$ 时采用单台试验变压器；试验电压 $U \geqslant 1000 \mathrm{kV}$ 时采用试验变压器串联。如图 2-16 所示的串联方式称为自耦式连接，这是目前较常用的串级方式。这里高一级的变压器的励磁电流由前面一级的变压器来供给。图中绕组 1 为低压绕组，2 为高压绕组，3 为供给下一级励磁用的串级励磁绕组。

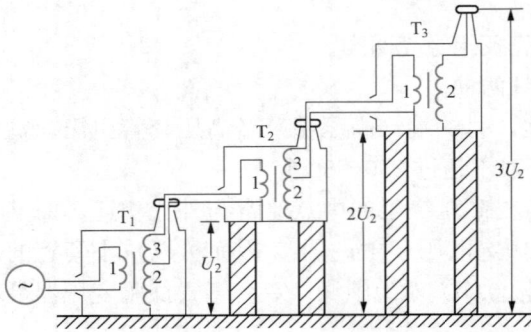

图 2-16 自耦式串级工频试验变压器

对于串接级数为 n 的试验变压器，其容量利用率

$$\eta = \frac{P_{输出}}{P_{总}} = \frac{nP}{\frac{n(n+1)}{2}P} = \frac{2}{n+1}(n \leqslant 3)$$

$$(2-6)$$

试验变压器串级的台数越多，容量利用率越低，且随着串联级数的增加，整套串联试验变压器的总漏抗大幅增加。这是串级装置的固有缺点，因而通常很少采用 $n>3$ 的方案。

5. 高压串联谐振回路

高压串联谐振装置的简化电路如图 2-17 所示，被测试样如电缆用电容来代替与可调线圈电抗器串联。电抗器的电感可以改变并与电源频率下电容负荷的阻抗相匹配。这样构成的串联谐振电路在受到与电网相连的调压器的激励时将产生高压。为了使回路参数满足谐振条件，可以调节电感，也可以调节电源频率。

当调节电感使回路发生谐振时，被测试品上的电压为

$$U_c = I \cdot X_c = \frac{U}{R} \cdot \frac{1}{\omega C}$$

$$(2-7)$$

$$= \frac{U}{\omega CR} = Q \cdot U$$

式中 Q——谐振回路的品质因数。

6. 串联谐振方法的优点

串联谐振方法的优点如下。

（1）试验回路对基波频率产生谐振，因而波形的畸变小。有效防止谐波峰值引起的对被测试品的误击穿。

（2）被测试品发生击穿时，谐振条件被破坏（脱谐状态），串联电抗器限制短路电流，绝缘击穿处的电弧立即熄灭，不会将故障点扩大。

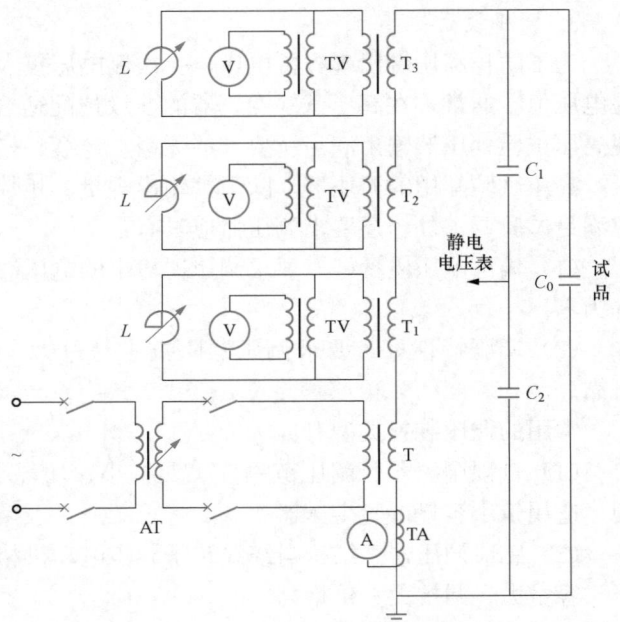

图 2-17 高压串联谐振装置的简化电路

（3）所需电源容量大幅度减小，可以获得数十倍试验变压器输出电压。设备的质量和体积得到大幅度减小。

（4）防止大的短路电流烧伤故障点，能有效地找到绝缘弱点。

7. 工频耐压试验的实施方法

按照国家标准《高电压试验技术》GB/T 16927.1—2011 规定，进行工频交流耐压试验时，在绝缘上加工频试验电压后，要求持续 1min。按规定的升压速度提升作用在被测试品上的电压，直到它等于所需的试验电压为止。此时开始计算时间，一般保持 1min，在此期间没有发现绝缘击穿或局部损伤，可认为合格通过。

8. 工频试验中的过电压

进行交流耐压试验时，被测试品一般均属于电容性，其等值电路如图 2-18 所示，试验变压器在电容性负载下，由于电容电流在线圈上会产生漏抗压降，使变压器高压侧电压发生升高现象，如图 2-19 所示。

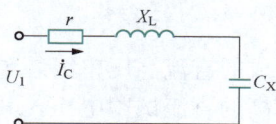

图 2-18　工频试验变压器在耐压试验时的简化等值电路

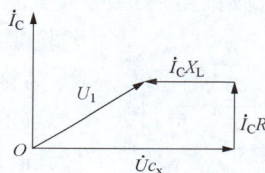

图 2-19　电容效应引起的电压升高

9. 感应耐压试验原理

相对于变压器的主绝缘，即绕组与绕组之间，以及绕组与铁芯之间的绝缘而言，变压器还有另外一项重要的绝缘性能指标——纵绝缘。纵绝缘是指变压器绕组具有不同电位的不同点和不同部位之间的绝缘，主要包括绕组匝间、层间和段间的绝缘性能。而国家标准《电力变压器　第 3 部分：绝缘水平、绝缘试验和外绝缘空气间隙》GB/T 1094.3—2017 和国际电工委员会标准《电力变压器　第 3 部分：绝缘水平、绝缘试验和外绝缘空气间隙》IEC 60076—3：2013 标准中规定的"感应耐压试验"则是专门用于检验变压器纵绝缘性能的测试方法之一。

感应耐压试验，即在其低压绕组上加足够高的电压，使中压绕组、高压绕组感应出所需的试验电压来。试验标准规定，各绕组的感应电压应为其额定电压的 2 倍。感应耐压试验给变压器施加 2 倍额定电压以上的电压，可在纵绝缘缺陷处建立更高、更集中的场强，绕组匝间、层间和段间的电压达到并超过电介质缺陷处的击穿电压；感应耐压试验给变压器施加频率在 2 倍的额定频率以上，较高的频率又可以大量降低固体电介质的击穿电压，使得绝缘缺陷更容易被击穿；感应耐压试验所规定的外施电压的作用时间也可保证绝缘缺陷被击穿，故感应耐压试验可以可靠地检测出变压器纵绝缘性能的好坏。

【例 2-32】　（多选）获得交流高电压的试验设备主要有（　　）。

A. 冲击电压发生器　　　　　　　　B. 高压试验变压器

C. 高压试验变压器的串级结构　　　D. 串联谐振电路

【例 2-33】　串级试验变压器的串级数是 4，则其效率为（　　）。

A. 90％　　　　　　B. 80％　　　　　　C. 50％　　　　　　D. 40％

【例 2 - 34】　工频交流耐压试验一般持续（　　　）。

A. 1min　　　　　　B. 2min　　　　　　C. 5min　　　　　　D. 10min

2.2.2　直流高电压试验　B 类考点

1. 直流高压试验的目的

（1）某些交流设备的直流耐压试验被测试品电容较大时（如电力电缆、电力电容器等设备），用直流高电压试验代替工频高电压试验。

（2）直流输电技术所需的直流高压试验，例如：各种典型气隙的直流击穿特性，超/特高压直流输电线上的直流电晕及其各种派生效应，各种绝缘材料和绝缘结构在直流高压下的电气性能，各种直流输电设备的直流耐压试验。

2. 直流高电压的产生

（1）将工频高电压经高压整流器而变换成直流高电压。如图 2 - 20 所示。图中 T 为工频试验变压器，C 为滤波电容，VD 为高压硅堆，R 为保护电阻，R_X 为被测试品。

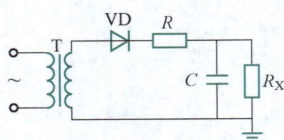

图 2 - 20　高压整流回路

（2）利用倍压整流原理制成的直流高压串级装置（或称串级直流高压发生器）能产生出更高的直流试验电压，其中半波整流倍压电路如图 2 - 21（a）所示。基本倍压电路如图 2 - 21（b）所示，基本倍压整流回路中硅堆承受的最大反峰电压电源峰值的 2 倍。利用倍压整流电路作为基本单元，多级串联起来即可组成一台串级直流高压发生器，如图 2 - 22 所示。

3. 直流高压的测量

直流高压的测量方法如下。

（1）用静电电压表测量。

（2）用电阻分压器配合低压仪表测量。

（3）用高值电阻与直流电流表串联。

4. 高压整流回路基本参数

高压整流回路基本参数如下。

（1）额定平均输出电压 U_{av}

（a）半波整流倍压电路　　　（b）基本倍压电路

图 2 - 21　倍压电路

$$U_{av} = \frac{U_{max} + U_{min}}{2} \tag{2 - 8}$$

（2）额定平均输出电流 I_{av}

$$I_{av} = \frac{U_{av}}{R_L} \tag{2 - 9}$$

（3）电压脉动系数 S（纹波系数）

$$S = \frac{\delta U}{U_{av}} = \frac{\dfrac{U_{max} - U_{min}}{2}}{\dfrac{U_{max} + U_{min}}{2}} \tag{2 - 10}$$

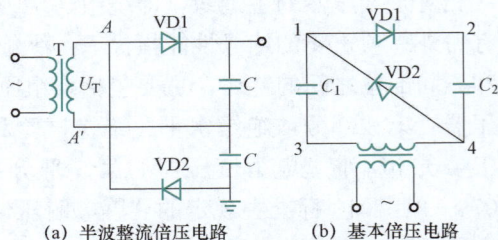

根据 IEC 和国标 GB/T 16927.1—2011《高电压试验技术 第 1 部分：一般定义及试验要

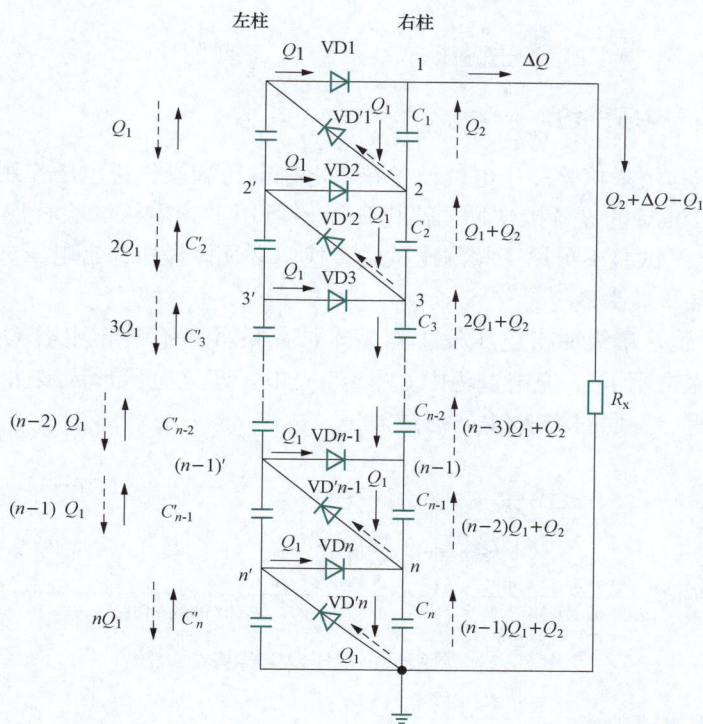

图 2 - 22　串级直流高压发生器

《》的要求，加在测试品上的直流电压的脉动系数不超过 3%。

5. 直流高电压试验特点

直流高电压试验特点如下。

（1）可与泄漏电流试验同时进行。

（2）加压时间需较长时间，完成绝缘中的极化和吸收，电压分布才趋于稳定，故一般采用 5～10min，有些 15min。

（3）泄漏电流为微安级，试验电源容量小、质量轻。

（4）直流高压下，局部放电弱，破坏性弱。某种程度上带有非破坏性试验的性质。

（5）对于绝大多数组合绝缘来说，在直流电压下的电气强度远高于交流电压下，故交流设备作直流耐压试验需较高电压等级，才能具有等效性。

（6）试验后对试品和滤波电容进行充分放电。

直流高电压试验的试验电压值：发电机定子绕组取 2～2.5 倍额定电压；电力电缆 10kV 及以下取 5～6 倍额定电压，35kV 取 4～5 倍额定电压。

【例 2 - 35】　（多选）直流耐压试验与交流相比，主要特点是（　　　）。

A. 试验设备容量小，质量轻，便于现场试验

B. 可同时进行泄漏电流测量

C. 对绝缘损伤小

D. 对交流电气设备绝缘的考验不如交流耐压试验接近实际

【例 2 - 36】　在现场对油浸纸绝缘的电力电缆进行耐压试验，所选择的方法较适宜的

是（　　　）。

　　A. 交流耐压　　　　　　B. 冲击耐压　　　　　　C. 工频耐压　　　　　　D. 直流耐压

2.2.3　冲击高电压试验　A类考点

冲击高电压试验用来检验高压电气设备在雷电过电压和操作过电压作用下的绝缘性能和保护性能。$U_n \leqslant 220$kV 的设备操作冲击高电压试验可用工频耐压试验替代。但 $U_n \geqslant 330$kV 的设备作冲击高电压试验不可用工频耐压试验替代，必须做操作冲击电压试验。

　　1. 单级冲击电压发生器

如图 2-23 所示，单级冲击电压发生器基本回路的元件有冲击电容 C_1，负荷电容 C_2，波头电阻 R_1 和波尾电阻 R_2。充电过程中 C_1 向 C_2 充电，建立电压形成波头；放电过程中 C_1 和 C_2 上的电压相等，并联对 R_2 放电，形成波尾。

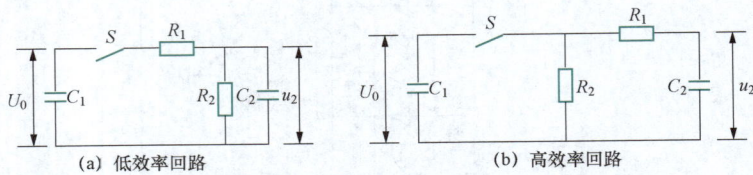

图 2-23　单级冲击电压发生器基本回路

放电回路利用率或效率：

低效率回路

$$\eta_1 = \frac{R_2}{R_1 + R_2} \times \frac{C_1}{C_1 + C_2} \quad (0.7 \sim 0.8) \tag{2-11}$$

高效率回路

$$\eta_2 = 1 \times \frac{C_1}{C_1 + C_2} \quad (\approx 0.9) \tag{2-12}$$

为了得到较高的效率，主电容 C_1 应比 C_2 大得多，R_2 比 R_1 大得多。

单级冲击电压发生器产生电压不高于 $200 \sim 300$kV，如果要产生更高的冲击电压，则采用多级冲击电压发生器。

　　2. 多级冲击电压发生器

多级冲击电压发生器的基本原理是并联充电、串联放电，通过一组球间隙的放电实现。基本原理接线图如图 2-24 所示。

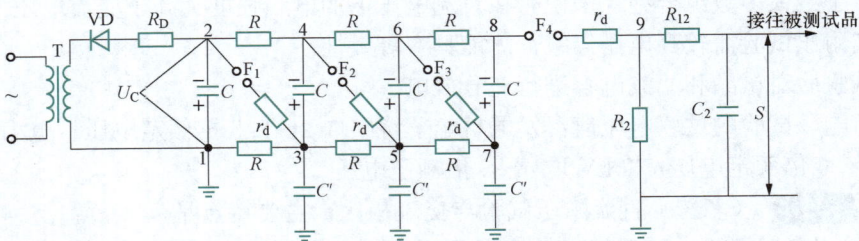

图 2-24　基本原理接线

　　（1）充电过程。

　　1）火花球间隙支路呈开路状态，各台电容器呈并联充电状态。

　　2）各台电容器依次充满电荷，充电达到电压 U_C。

3）按图 2-25 所示接法所得到的电压是负极性的。

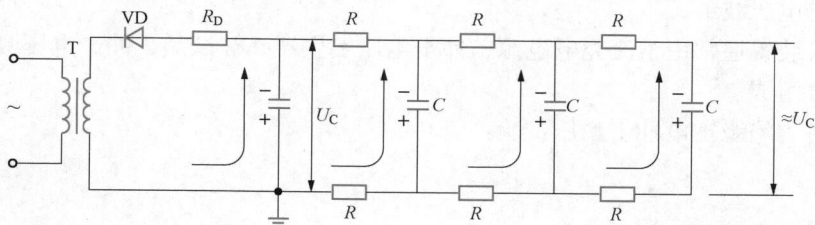

图 2-25　充电过程等值电路

（2）放电过程。各级火花球间隙依次起动击穿，各台电容器被串联起来，发生器立即由充电状态转为放电过程，如图 2-26 所示。最重要的问题是保证全部球间隙均能跟随 F1 的点火做同步击穿。

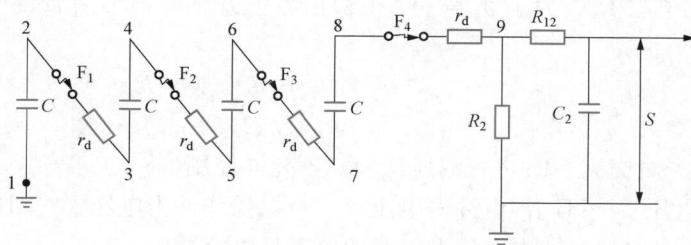

图 2-26　放电过程等值电路

标准雷电冲击全波采用的是非周期性双指数波。特征是快速上升，缓慢下降，如图 2-27 所示。

$$u(t) = A(e^{-\frac{t}{\tau_1}} - e^{-\frac{t}{\tau_2}}) \tag{2-13}$$

冲击电压发生器的起动方式如下。

1）自起动方式。只要将点火球间隙 F1 的极间距离调节到使其击穿电压等于所需的充电电压 U_c，当 F1 上的电压上升到 U_c 时，F1 即自行击穿，起动整套装置。

2）用点火脉冲来起动。使各级电容器充电到一个略低于 F1 击穿电压的水平上，处于准备动作状态，然后利用点火装置产生一点火脉冲，送到点火球间隙 F1 中的一个辅助间隙上使之击穿并引起 F1 的主间隙击穿，以起动整套装置。

3. 雷电冲击截波及操作冲击电压的产生方法

试品上并联一个适当的截断间隙，让它在雷电冲击全波的作用下被击穿，这样作用在试品上的就是一个截波。

利用冲击电压发生器产生操作冲击电压的原理与产生雷电冲击电压的原理是一样的，只不过操作冲击电压的波前和半峰值时间比雷电冲击电压的长得多，所以要求发生器的放电时间常数比产生雷电冲击电压时间长。

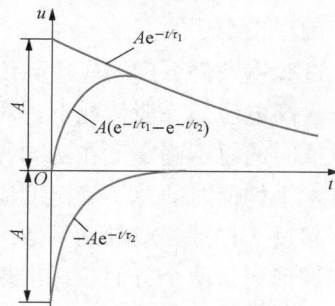

图 2-27　标准雷电冲击全波
τ_1—波尾时间常数；τ_2—波前时间常数

71

调节冲击电压发生器的波头、波尾电阻，可改变波头、波尾时间，就可以得到标准所规定的操作冲击电压波形。

冲击试验装置通常由整流充电电源、冲击电压发生器、被试品、冲击电压测量系统、控制回路 5 部分组成。

电气设备内绝缘雷电冲击耐压试验：

> **笔记**
>
>

电力系统外绝缘的雷电冲击耐压试验采用 15 次冲击法（时间间隔不少于 1min），若击穿或闪络数不超过 2 次，即可认为该外绝缘试验合格。

【例 2 - 37】 冲击电压发生器基本回路原理图中的元件有主电容 C_0，波前电容 C_f，波前电阻 R_f 和波尾电阻 R_t，为了获得一个很快由零上升到峰值然后较慢下降的冲击电压，应使（ ）。

A. $C_0 \gg C_f$、$R_f \gg R_t$ B. $C_0 \gg C_f$、$R_f \ll R_t$

C. $C_0 \ll C_f$、$R_f \gg R_t$ D. $C_0 \ll C_f$、$R_f \ll R_t$

【例 2 - 38】 对交流 GIS 进行耐压试验，不允许使用（ ）。

A. 正弦交流电压   B. 雷电冲击电压   C. 操作冲击电压   D. 直流电压

【例 2 - 39】 （多选）冲击电压发生器的原理是电容器（ ）。

A. 并联充电   B. 串联放电   C. 串联充电   D. 并联放电

2.2.4 高电压测量技术 B 类考点

高电压试验除了要有产生各种试验电压的高压设备外，还必须要有能测量这些高电压的仪器和设备。电力系统中，广泛应用电压互感器配上低电压表来测量高电压，但此法在试验室中用得很少。

试验室条件下广泛应用高压静电电压表、峰值电压表、球间隙测压器、高压分压器等仪器测量高电压。一般情况下，对于交流电压的测量，要求测量系统在测量额定电压的峰值或有效值时的总不确定度在 ±3％之内；对直流电压的测量，一般要求测量系统在测量试验电压算术平均值时的总不确定度应不超过 ±3％，测量直流电压的纹波幅值时，要求总不确定度不超过 ±10％，或脉动系数测量的不确定度应小于 ±1％；冲击电压的测定，包括幅值测量和波形记录两个方面。标准规定，标准全波、波尾截断波以及 $1/5\mu s$ 短波，幅值的测量不确定度不超过 ±3％；$1\mu s$ 以内波头截断波，其幅值的测量不确定度不超过 ±5％；波头及波长时间的测量不确定度不超过 10％。

1. 高压静电电压表

（1）原理。在两个特制的电极间加上电压 U，电极间就会受到静电力 f 的作用，而且 f 的大小与电压 U 的平方成正比，与电压的极性无关，总是正的。设法测量 f 的大小就确定所加电压 U 的大小。利用这一原理制成的仪表即为静电电压表，它可以用来测量低电压，也可以在高压测量中得到应用。

（2）特点。①内阻抗特别大，几乎不消耗能量。②能测量相当高的交流和直流电压（在大气中工作的静电电压表量程为 $50\sim250\text{kV}$；电极处于 SF_6 压缩气体中的静电电压表量程：$500\sim600\text{kV}$）。③为了尽可能减少极间距离和仪表体积，极间应采用均匀电场，因此高压静电电压表的电极均采用消除了边缘效应的平板电极，如图 2-28 所示。

（3）高压静电电压表的应用。

1）静电电压表用于测交流测量时，测得的是电压的有效值。

2）静电电压表用于直流测量时，测得的近似等于电压的平均值。

3）静电电压表不能测量一切冲击高压。

2. 峰值电压表

有时只需要测量高电压的峰值，例如，绝缘的击穿就仅取决于电压的峰值。峰值电压表的测量原理主要有利用整流电容电流来测量交流高压和利用电容器充电电压来测量交流电压两种，如图 2-29 所示。

图 2-28　高压静电电压表
1—可动电极；2—保护电极；3—固定电极

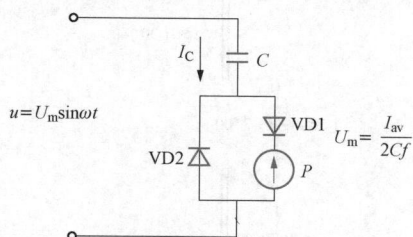

（1）利用整流电容电流来测量交流高压。在电容器上施加交流电压，通过测量充电电流来确定电压值。利用直流电流计测量整流电流可求得电压的峰值，而采用有效值指示的交流电流计则可求得电压的有效值。

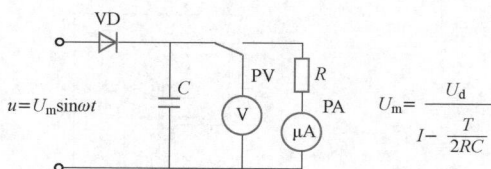

（2）利用电容器充电电压来测量交流电压。被测量交流电压经过整理硅堆使电容充电至交流电压的幅值，电容电压由静电电压表或者微安表串联电阻来测量。

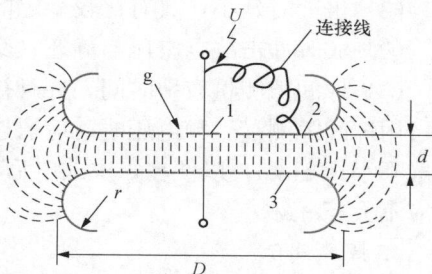

(a) 利用整流电容电流来测量交流高压　　　(b) 利用电容器充电电压来测量交流电压

图 2-29　峰值电压表的原理

注意事项：

（1）选用冲击峰值电压表时，要注意其响应时间是否适合于被测波形的要求，并应使其输入阻抗尽可能大。

（2）利用峰值电压表，可直接读出冲击电压的峰值，与用球间隙测压器测峰值相比，可大幅简化测量过程。

（3）但是被测电压波形必须是平滑上升的，否则就会产生误差。

（4）指示仪表可以是指针式表计，也可以是具有存储功能的数字式电压表。

3. 球间隙测压器

是唯一能直接测量高达数兆伏的各类高压峰值的测量装置。由一对直径相同的金属球构成，测量误差 $2\%\sim3\%$。工作原理基于一定直径的球间隙在一定极间距离时的放电（击穿）电压为一个定值，球间隙测压装置如图 2-30（a）所示。

球间隙的特点：

（1）球间隙测压器间隙击穿电压的分散性较小，伏秒特性较平。

（2）球间隙放电时电极烧蚀轻微，放电重复性好。

（3）击穿时延小，具有比较稳定的放电电压值和较高的测量精度。

（4）50％冲击放电电压与静态（交流或直流）放电电压的幅值几乎相等。

（5）球间隙测量较费时间，并且被测电压越高，球径越大，所需空间越大。

用球间隙测量工频电压时，应取连续 3 次放电电压的平均值，相邻 2 次放电的时间间隔一般不小于 1min，以便在每次放电后让气隙充分去电离，各次击穿电压与平均值之间的偏差应不大于 3％。

4. 棒棒间隙

用球间隙测量直流高压时，其分散性较大。因此我国国家标准《高电压试验技术》（GB/T 16927.1—2011）规定棒间隙是测量直流高压的标准测量装置，其结构如图 2 - 30（b）所示。

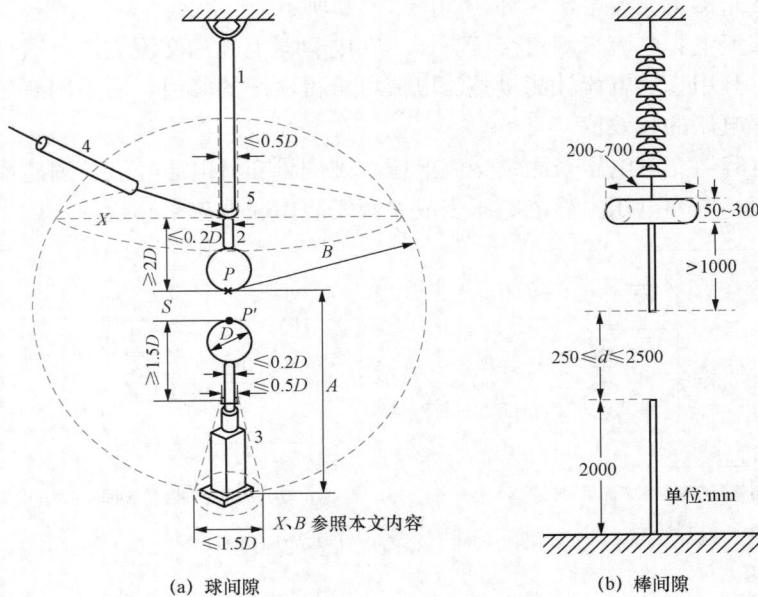

图 2 - 30　球间隙和棒间隙测压装置

5. 高压分压器

高压分压器被测电压很高时，采用高压分压器来分出一小部分电压，然后利用静电电压表、峰值电压表、高压脉冲示波器等来测量。

按照用途的不同：分压器可分为交流高压分压器、直流高压分压器和冲击高压分压器。按照分压元件的不同，可分为电阻分压器、电容分压器和阻容分压器。

对分压器的技术要求，包括分压比的准确度和稳定性（幅值误差要小）；分出的电压与被测高电压波形的相似性（波形畸变要小）。

每一个分压器均由高压臂和低压臂组成，在低压臂上得到的就是分给测量仪器的低电压 U_2，总电压 U_1 与 U_2 之比称为分压比。

（1）电阻分压器。电阻分压器的高低压臂均为电阻，如图 2-31 所示。

当测量直流高压时，只能用电阻分压器。但它不仅仅用于直流高电压的测量，也可以用来测量交流高电压（100kV 以下）和 1MV 以下的冲击高压。

当被测交流电压幅值较高时，用电阻分压器测量时，由于对地杂散电容的不利影响，会引起幅值、相位误差。

（2）电容分压器。被测交流电压大于 100kV 时，大多数采用电容分压器，如图 2-32 所示，而不用电阻分压器。

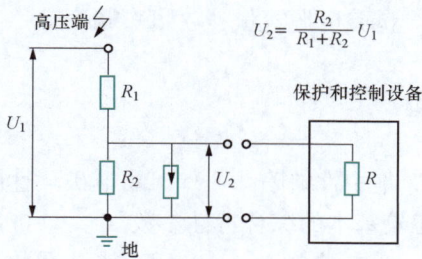

图 2-31　电阻分压器

$$U_2 = \frac{R_2}{R_1 + R_2} U_1$$

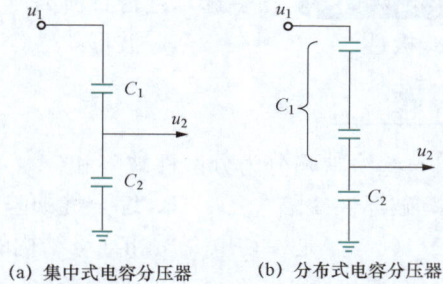

（a）集中式电容分压器　　　（b）分布式电容分压器

图 2-32　电容分压器

电容分压器在冲击电压作用下存在高频振荡回路，其中的电磁振荡将使分压器输出电压波形发生畸变。

分压比：
$$N = \frac{C_1 + C_2}{C_1}$$

（3）阻容分压器。电容分压器在冲击电压作用下存在着一系列高频振荡回路，其中的电磁振荡将使分压器输出电压波形发生畸变。阻容分压器可阻尼各处的振荡。按阻尼电阻的不同接法，发展出两种阻容分压器，即串联阻容分压器和并联阻容分压器，如图 2-33所示。

测量冲击电压的幅值，可以把峰值电压表接在分压器低压臂上进行测量。记录冲击电压波形的全貌，使用高压脉冲示波器配合分压器进行测量。

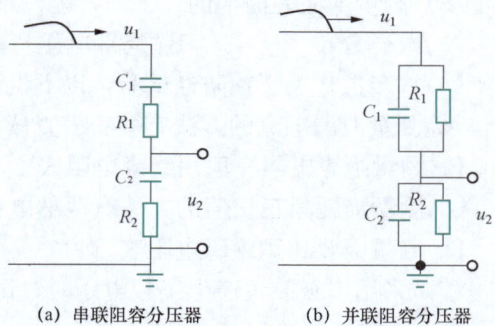

（a）串联阻容分压器　　　（b）并联阻容分压器

图 2-33　阻容分压器

【例 2-40】 当球间距不大于球半径时，常用的测量球间隙是典型的（　　）电场间隙。

A. 均匀　　　　　　B. 稍不均匀　　　　　C. 不均匀　　　　　D. 极不均匀

【例 2-41】 （多选）关于测量用的球间隙，下面哪些是对的？（　　）

A. 球间隙不必串有保护电阻

B. 用球间隙测量直流电压时，测量效果不如棒棒间隙

C. 在测量冲击电压时串联的电阻不超过 500Ω

D. 测量球间隙的球间隙距离 d 与直径 D 之比不大于 0.5

【例 2 - 42】 用静电电压表测量工频高电压时，测得的是电压的（　　）。

A. 瞬时值　　　　　　B. 峰值　　　　　　C. 有效值　　　　　　D. 平均值

【例 2 - 43】 直流试验电压的脉动是指对电压（　　）的周期性波动。

A. 算术平均值　　　　B. 最大值　　　　　C. 最小值　　　　　　D. 峰值

【例 2 - 44】 （多选）常用的电压分压器按照分压元件不同，分为（　　）。

A. 电阻分压器　　　　　　　　　　　B. 电容分压器

C. 阻尼分压器　　　　　　　　　　　D. 阻容并联分压器

【例 2 - 45】 （多选）进行直流高压试验时，对直流试验电压的要求包括（　　）方面。

A. 极性　　　　　　　B. 波形　　　　　　C. 试验电源容量　　　D. 频率

习题

（1）绝缘缺陷分为分散性缺陷和（　　）。

A. 破坏性缺陷　　　　B. 综合性缺陷　　　C. 集中性缺陷　　　　D. 非破坏性缺陷

（2）（　　）是一切电介质和绝缘结构的绝缘状态较基本的综合特性参数。

A. 绝缘电阻　　　　　B. 绝缘老化　　　　C. 介电常数　　　　　D. 老化系数

（3）吸收比是 $t=$（　　）s 和 $t=15$s 时两个电流值所对应的绝缘电阻的比值。

A. 20　　　　　　　　B. 40　　　　　　　C. 60　　　　　　　　D. 80

（4）以下哪项不是表征局部放电的参数？（　　）

A. 视在放电量　　　　　　　　　　　B. 放电重复率

C. 局部放电熄灭电压　　　　　　　　D. 介电常数

（5）测量绝缘表面上的（　　），能发现零值绝缘子。

A. 电压分布　　　　　B. 局部电压　　　　C. 试验电压　　　　　D. 污秽分布

（6）（多选）关于预防性试验，以下说法正确的是（　　）。

A. 测量泄漏电流的方法有微安表直读法

B. 测量绝缘电阻一般用绝缘电阻表

C. 测量损耗角正切值的方法有西林电桥

D. 测量吸收比用绝缘电阻表

（7）采用串级装置产生工频电压时，试验变压器台数越多，容量利用率（　　）。

A. 越低　　　　　　　B. 越高　　　　　　C. 不变　　　　　　　D. 两者无关

（8）多级冲击电压发生器的原理是（　　）。

A. 并联充电，串联充电　　　　　　　B. 并联放电，串联充电

C. 并联充电，串联放电　　　　　　　D. 并联放电，串联放电

（9）通常利用串级装置产生工频电压时，采用 $n \leqslant$（　　）的串级。

A. 2　　　　　　　　B. 3　　　　　　　C. 4　　　　　　　　D. 5

（10）常用的调压装置不包括以下哪种？（　　）

A. 自耦变压器　　　　　　　　　　　B. 感应调压器

C. 低压变压器　　　　　　　　　　　D. 电动 - 发电机组

（11）唯一能够直接测量高达数兆伏的各类高压峰值的测量装置是（　　）。

A. 球间隙　　　　　　　　　　　　　B. 电容分压器配用低压仪表

C. 静电电压表   D. 高阻值电阻串联微安表

（12）油浸式电力变压器中溶解气体色谱分析发现有大量乙炔存在，说明变压器箱体内存在（　　）。

A. 局部过热　　　　　B. 低能量放电　　　　C. 高能量放电　　　　D. 气泡放电

（13）电力变压器、电压互感器和电流互感器交接及大修后的交流耐压试验电压均比出厂值低，这主要是考虑（　　）情况。

A. 试验容量大，现场难以满足　　　　　B. 试验电压高，现场不易满足

C. 设备绝缘的累积效应　　　　　D. 绝缘裕度不够

第3章

线路和绕组中的波过程

3.1 波沿均匀无损单导线的传播

3.1.1 波过程的基本概念 B类考点

1. 分布参数

电压、电流不但是时间 t 的函数，而且也是空间位置 x 的函数，需要用分布参数电路来分析。

$$u = f(x, t); \quad i = f(x, t) \tag{3-1}$$

2. 集中参数

电压、电流仅是时间 t 的函数，与空间位置 x 无关。电路外形尺寸和电磁波的波长相比很小，可忽略不计时，可按集中参数电路处理。

3. 输电线路上的波过程

输电线路上的波过程实质上是能量沿着导线传播的过程，即在导线周围建立电场和磁场的过程，也就是在导线周围空间存储电磁能的过程。

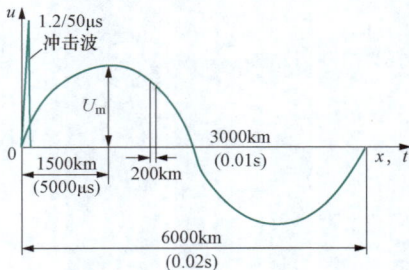

图 3-1 波过程分析图

工频正弦电压的第一个 1/4 周波（0～U_m）作为波前，那么这时的波前时间为 5000μs，波的传播速度为光速 $c = 300$m/μs，整个波前分布在 1500km 长的导线上（见图3-1）。对于一般 220kV 平均 200～250km 的长度来说，可以近似认为全线各点电压电流相同。

对于冲击波（标准波形 1.2/50μs），波前时间在线路上的分布长度只有 360m，线路各点的电压和电流都将不同了，不能将线路各点的电路参数合并成集中参数来处理问题。

用分布参数电路来处理问题，实质上就是认为导线上的电压 u 和电流 i 不但随时间 t 而变，而且也随空间位置的不同而异，对于平面波来说，只要一个参数 x 就可以确定位置。即电压、电流不但是时间 t 的函数，而且也是空间位置 x 的函数，需要用分布参数电路来分析，即

$$\begin{cases} u = f(x,t) \\ i = f'(x,t) \end{cases} \tag{3-2}$$

这样，就很难在同一张图中表示电压（或电流）的变化规律，而只能分别采用以下两种图示方法：

（1）某一特定地点的电压（或电流）波形图。

（2）某一特定瞬间的电压（或电流）沿线分布图。

4. 均匀无损线路等值电路

输电线路等值电路如图 3‐2 所示。

L——磁场效应，$L_0 \mathrm{d}x$；C——电场效应，$C_0 \mathrm{d}x$；R——导线电阻，$R_0 \mathrm{d}x$；G——绝缘子泄漏电流和电晕损耗，$G_0 \mathrm{d}x$。

L_0、C_0、R_0、G_0：均匀分布，为了清晰地揭示线路波过程的物理本质和基本规律，暂时不考虑线路的损耗和导线的影响，从理想的均匀无损单导线入射来探讨行波沿线路传播的过程，即可得均匀无损单导线的单元等值电路，如图 3‐3 所示。

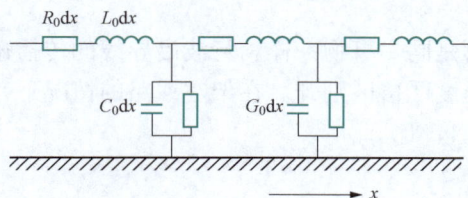

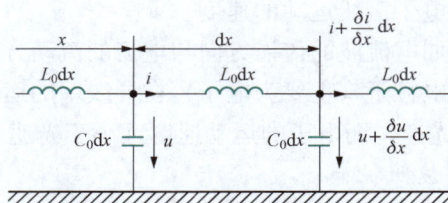

图 3‐2　等值电路　　　　图 3‐3　均匀无损长线等值电路

合闸后，在导线周围空间建立起电场，形成电压。靠近电源的电容立即充电，并向相邻的电容放电，由于线路电感的作用，较远处的电容要间隔一段时间才能充上一定数量的电荷，并向更远处的电容放电。这样沿线路逐渐建立起电场，将电场能储存于线路对地电容中，也就是说，电压波以一定的速度沿线路传播。

随着线路的充放电将有电流流过导线的电感，即在导线周围空间建立起磁场，因此和电压波相对应，还有电流波以同样的速度沿相同的方向流动。

综上所述，电压波和电流波沿线路的传播过程（行波）实质上就是电磁波沿线路传播的过程。

3.1.2　波速和波阻抗　A 类考点

1. 波速

$$v = \frac{1}{\sqrt{L_0 C_0}} \tag{3‐3}$$

架空单导线的 L_0 和 C_0 可由下式求得：

$$L_0 = \frac{\mu_0 \mu_\mathrm{r}}{2\pi} \ln \frac{2h_\mathrm{c}}{r}, C_0 = \frac{2\pi \varepsilon_0 \varepsilon_\mathrm{r}}{\ln \frac{2h_\mathrm{c}}{r}} \tag{3‐4}$$

式（3‐4）代入式（3‐3）中，可得

$$v = \frac{1}{\sqrt{L_0 C_0}} = \frac{3 \times 10^8}{\sqrt{\mu_\mathrm{r} \varepsilon_\mathrm{r}}} \tag{3‐5}$$

式中　h_c——导线的平均对地高度，m；

　　　r——导线的半径，m；

　　　ε_0——真空或气体的介电常数；

　　　μ_0——真空的磁导率；

　　　μ_r——相对磁导率，对于架空线可以取 1。

高电压技术

可见，波速与导线周围介质的性质有关，与导线的半径、对地高度、铅包半径等几何参数无关。波在油纸绝缘电缆中传播的速度几乎只是架空线路上波速的一半。

（1）架空线路波速：$v \approx 3 \times 10^8$（m/s）$= c$。

（2）油纸绝缘电缆：$\mu_r \approx 1$，$\varepsilon_r \approx 4$，$v \approx 0.5c$。

2. 波速与带电粒子在导线中的运动速度不同

波速是指导线上某种状态（如电压峰值、电流峰值）的传播速度，是电压波和电流波使导线周围空间建立起相应的电场和磁场这样一种状态的传播速度，而不是在导线中形成电流的自由电子沿线运动的速度。

正如电流波的传播方向与电流的流动方向不是同一事物一样，行波沿导线的传播速度也应与带电粒子（主要为电子）在导线中的运动速度严格区别开。在架空线路的情况下，波速 v 等于光速，而电子的运动速度远小于光速。

3. 波阻抗

波阻抗具有阻抗的量纲，单位为 Ω，反映电压波和电流波关系，波阻抗 Z 是电压波与电流波之间的一个比例常数，为

$$\frac{u'}{i'} = Z, \frac{u''}{i''} = -Z \tag{3-6}$$

$$Z = \sqrt{\frac{L_0}{C_0}} = \frac{1}{2\pi} \sqrt{\frac{\mu_0 \mu_r}{\varepsilon_0 \varepsilon_r}} \ln \frac{2h_c}{r} \tag{3-7}$$

4. 波阻抗与阻抗的区别

笔记

波阻抗是表征分布参数电路特点的最重要参数，它是储能元件，表示导线周围介质获得电磁能的大小，具有阻抗的量纲，是一个常量，其值取决于单位导线的电感和电容。

架空线的波阻抗一般在 $300 \sim 500\Omega$ 范围内；电缆线路波阻抗在 $10 \sim 50\Omega$。

5. 电磁波传播过程中的基本规律

$Z = \frac{u}{i} = \pm \sqrt{\frac{L_0}{C_0}}$，$\frac{1}{2}i^2 L_0 = \frac{1}{2}u^2 C_0$，导线单位长度的磁场能量等于电场能量。

单位长度导线总能量为 $W = L_0 i^2 = C_0 u^2$；

$$P = \frac{1}{2} i^2 L_0 v + \frac{1}{2} u^2 C_0 v = 2 \times \frac{1}{2} i^2 L_0 v = L_0 \frac{i^2}{\sqrt{L_0 C_0}} = Z i^2 \qquad (3\text{-}8)$$

这些能量正是电压波和电流波伴随着沿导线传播时散布在周围介质中的功率。

【例 3-1】　减少绝缘介质的介电常数可以（　　）电缆中电磁波的传播速度。

A. 降低　　　　　　　B. 提高　　　　　　　C. 不改变　　　　　　　D. 不一定

【例 3-2】　当波阻抗为 Z 的输电线路上既有前行波，又有反行波时，线路上任意点的电压、电流之比（　　）。

A. 不等于 Z　　　　B. 大于 Z　　　　C. 小于 Z　　　　D. 等于 Z

【例 3-3】　关于行波的传播速度，下列说法正确的是（　　）。

A. 导线半径越小，波速越大　　　　　B. 导线越长，波速越小

C. 导线越粗，波速越大　　　　　D. 波速与导线周围的介质的性质有关

【例 3-4】　下列对波的传播速度 v 的表述中，描述正确的是（　　）。

A. 在不同对地高度的架空线路上，v 是不同的

B. 在不同线径的架空线路上，v 是不同的

C. 在不同线径和不同悬挂高度的架空线路上，v 是相同的

D. 在架空线路上和在电缆中，v 是相同的

【例 3-5】　（多选）以下 4 种表述中，对波阻抗描述不正确的是（　　）。

A. 波阻抗是导线上电压和电流的比值

B. 波阻抗是储能元件，电阻是耗能元件，因此对电源来说，两者不等效

C. 波阻抗的数值与导线的电感、电容有关，因此波阻抗与线路长度有关

D. 波阻抗的数值与线路的几何尺寸有关

【例 3-6】　随着输电线路长度的增加，线路的波阻抗将（　　）。

A. 不变　　　　　　　B. 增大

C. 减小　　　　　　　D. 可能增大也可能减小

【例 3-7】　下列表述中，对波阻抗描述不正确的是（　　）。

A. 波阻抗是前行波电压与前行波电流之比

B. 对于电源来说，波阻抗和电阻是等效的

C. 线路越长，则波阻抗越小

D. 线路的几何半径越大，波阻抗越小

3.1.3　前行波和反行波　B 类考点

1. 电压波和电流波的符号

由图 3-4 可知，电压波的符号只取决于它的极性，而与电荷的运动方向无关；而电流波的符号不但与相应的电荷符号有关，而且也与电荷的运动方向有关。

2. 行波 4 个基本方程

$$u = u' + u''; i = i' + i''$$
$$\frac{u'}{i'} = Z; \frac{u''}{i''} = -Z \qquad (3\text{-}9)$$

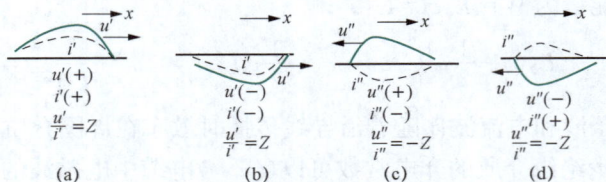

图 3-4　电压波和电流波的符号

【例 3-8】 下列关于电压波符号，说法正确的是（　　）。

A. 与正电荷的运动方向有关，正电荷的运动方向即电压波符号

B. 与电子的运动方向有关，电子的运动方向即电压波符号

C. 只决定于导线对地电容上相应电荷符号

D. 只决定于导线自感上相应电荷符号

【例 3-9】 （多选）下列关于电流波符号，说法错误的是（　　）。

A. 与正电荷的运动方向有关，正电荷沿着 x 轴正方向运动所形成的为正电流波

B. 与电子的运动方向有关，电子沿着 x 轴正方向运动所形成的为正电流波

C. 只决定于导线对地电容上相应电荷符号

D. 只决定于导线自感上相应电荷的符号

3.2　行波的折射和反射

3.2.1　波的折射和反射规律　A 类考点

1. 折射和反射概念

行波在线路中均匀性传输开始遭到破坏的点称为节点，当行波投射到节点时，必然会出现电压、电流、能量重新调整分配的过程，即在节点处将发生行波的折射和反射现象。

通常，采用最简单的无限长直角波来介绍线路波过程的基本概念。任何其他波形都可以用一定数量的单元无限长直角波叠加而得，所以无限长直角波实际上是最简单和代表性最广泛的一种波形。

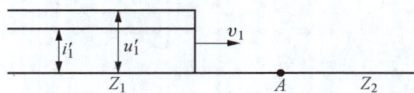

图 3-5　波从一条线路进入另一条波阻抗不同的线路

2. 折射系数和反射系数概念

设波从一条波阻抗为 Z_1 的线路入射进入另一条波阻抗为 Z_2 的线路，如图 3-5 所示。入射波 u_1'，i_1'；折射波 u_2'，i_2'；反射波 u_1''，i_1''。其中，"'"表示前行波，"""表示反行波；下标 1 或 2 表示波所在的线路。

利用波传播的基本规律和边界条件来计算折射波和反射波：

将 $i_1' = \dfrac{u_1'}{Z_1}$，$i_1'' = -\dfrac{u_1''}{Z_1}$，$i_2' = \dfrac{u_2'}{Z_2}$，带入式（3-10）：

$$\begin{cases} u_1' + u_1'' = u_2' \\ i_1' + i_1'' = i_2' \end{cases}$$

（3-10）

得到

$$u_2' = \frac{2Z_2}{Z_1 + Z_2} u_1' = \alpha u_1' \quad u_1'' = \frac{Z_2 - Z_1}{Z_1 + Z_2} u_1' = \beta u_1' \tag{3-11}$$

式中　α—电压折射系数；β—电压反射系数。

$$\alpha = \frac{2Z_2}{Z_1 + Z_2}; \beta = \frac{Z_2 - Z_1}{Z_1 + Z_2} \tag{3-12}$$

（1）折射系数和反射系数的变化范围：$0 \leqslant \alpha \leqslant 2$；$-1 \leqslant \beta \leqslant 1$。

（2）折射系数和反射系数之间的关系：$1 + \beta = \alpha$。

α 和 β 之值因 Z_1 与 Z_2 的数值而异：

（1）当 $Z_2 = Z_1$ 时，$\alpha = 1$，$\beta = 0$。电压的折射波等于入射波，而反射波为零，即不发生反射现象，实际上这就是均匀导线的情况。

（2）当 $Z_2 < Z_1$ 时，$\alpha < 1$，$\beta < 0$。表明电压折射波将小于入射波，而电压反射波的极性将与入射波相反，叠加后使线路 1 上的总电压小于电压入射波。

（3）当 $Z_2 > Z_1$ 时，$\alpha > 1$，$\beta > 0$。此时电压折射波将大于入射波，而电压反射波与入射波同号，叠加后使线路 1 上的总电压增高。

3. 线路末端开路时的折/反射

线路末端开路时的折、反射：

$$Z_2 = \infty, \quad \alpha = 2, \quad \beta = 1; \quad u_2' = 2u_1', \quad i_1'' = -\frac{u_1''}{Z_1} = -i_1'$$

电压反射波等于入射波，与入射波叠加，使末端电压上升 1 倍，电流为零。即波到达开路的末端时，全部磁场能量变为电场能量。上述结果都表示在图 3-6 中。

能量角度解释：全部能量反射回去，使线路上反射波到达的范围，单位长度总能量等于入射波能量的 2 倍，反射波到达后线路电流为零，全部磁场能量转为电场能量储存起来。

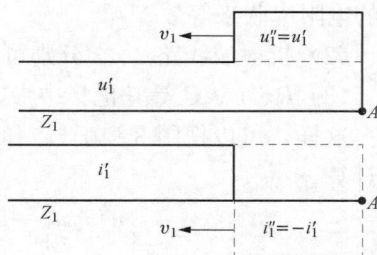

图 3-6　线路末端开路时波的折、反射

4. 线路末端短路时的折/反射

线路末端短路时，$Z_2 = 0$，$\alpha = 0$，$\beta = -1$；$u_2' = 0$，$u_1'' = -u_1'$；线路末端电压为零；反射电流，$i_1'' = -\frac{u_1''}{Z_1} = +i_1'$；总电流 $i_1 = 2i_1'$。

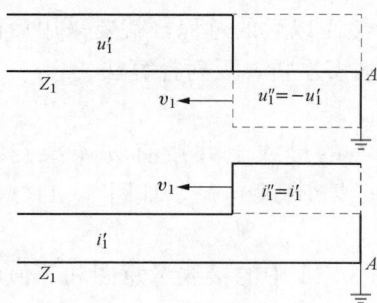

图 3-7　线路末端短路时（接地）波的折、反射

电压的反射波与入射波符号相反，数值相等，故末端电压为零，电流上升 1 倍即全部电场能量转变为磁场能量，使电流上升 1 倍，上述结果都表示在图 3-7 中。过电压波在开路末端的加倍升高，对绝缘是很危险的，在考虑过电压防护措施时对此应给予充分的注意。

能量角度解释：因为线路末端接地短路，所以入射波到达末段后，电流增加 1 倍，全部电场能量转为磁场能量储存起来。

5. 线路末端接电阻的折/反射

（1）$Z \neq R$（见图 3-8）。

（2）$Z=R$，阻抗匹配（见图3-9）。

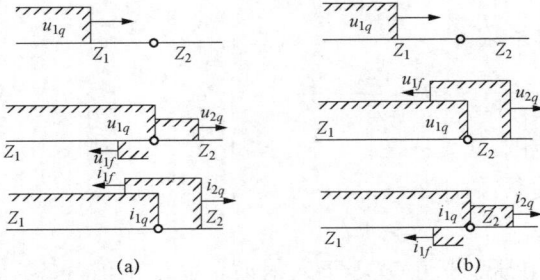

图3-8　线路末端接电阻 $Z\neq R$

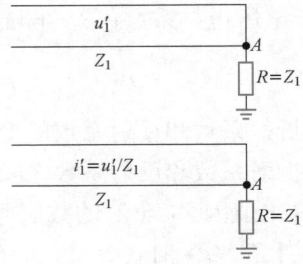

图3-9　线路末端接电阻 $Z=R$ 时波的折、反射

折射系数 $\alpha=1$，反射系数 $\beta=0$；相当于线路末端接于另一波阻抗相同的线路，波到达末端后无反射，也就是波的均匀性传输没有遭到破坏。

3.2.2　彼得逊法则　B类考点

1. 做等值电路的方法

（1）入射波线路1用数值等于电压入射波2倍的等值电压源 $2U_0$ 和数值等于线路波阻抗 Z 的电阻串联来等效。

（2）折射波线路2、3分别可以用数值等于该线路波阻抗路 Z_2、Z_3 的电阻来等效。

（3）R、L、C 等其他集中参数组件均保持不变。

这样，可以把图3-10（a）的分布参数电路的折、反射用图3-10（b）的集中参数电路来计算。

$$\begin{cases} u'_1+u''_1=u'_2, & i'_1=\dfrac{u'_1}{Z_1}, & i''_1=-\dfrac{u''_1}{Z_1}, & 2i'_1=i'_2+\dfrac{u'_2}{Z_1} \\ i'_1+i''_1=i'_2 \end{cases}$$

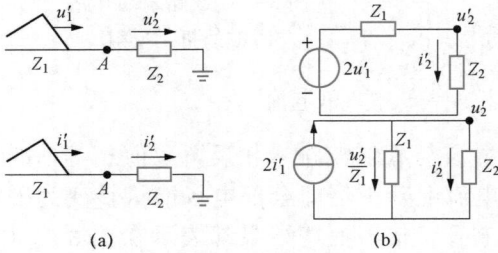

图3-10　彼得逊法则

适用范围：入射波必须沿一条分布参数线路传播而来，与节点相连的线路必须无穷长；即适用于节点 A 之后的任何一条线路末端反射波未达到 A 点之前。若要计算线路末端产生的反射波回到节点 A 以后的过程，就要采用后面将要介绍的行波多次折、反射计算法。

2. 举例

设某变电站的母线上共接有 n 条架空线路，当其中某一线路遭受雷击时，即有一过电压波 U_0 沿着该线进入变电站，如图3-11（a）所示，试求此时的母线电压 U_{bb}。

解： 由于架空线路的波阻抗均大致相等，因此可得出图3-11中的接线示意图和等值电路图。根据电路原理，可得

$$I=\frac{2U_0}{Z+\dfrac{Z}{n-1}}=\frac{2(n-1)U_0}{nZ} \tag{3-13}$$

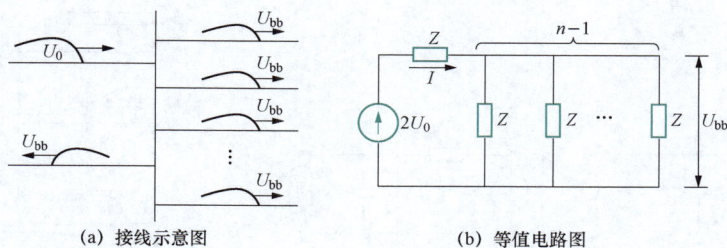

(a) 接线示意图　　　　　　　(b) 等值电路图

图 3-11　有多条出线的变电站母线电压计算

可以得到母线的电压为

$$U_{bb} = I\frac{Z}{n-1} = \frac{2}{n}U_0 \tag{3-14}$$

由此可知，变电站母线上接的线路数越多，则母线上的过电压越低，在变电站的过电压防护中对此应有所考虑。

当 $n=2$ 时，$U_{bb}=U_0$，相当于 $Z_2=Z_1$ 的情况。

3.2.3　串联电感、并联电容对波过程的影响　A 类考点

在实际电网中，常常会遇到分布参数线路与集中电感或电容的各种方式的连接，由于并联电容或串联电感的存在，将使在线路上传播的行波发生幅值和波形的改变，图 3-12 和图 3-13 分别画了这两种情况的示意图（a）和计算用等值电路图（b）。

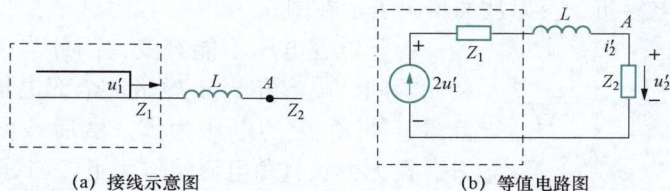

(a) 接线示意图　　　　　　　(b) 等值电路图

图 3-12　行波通过串联电感示意图和等值电路

1. 无限长直角波通过串联电感
根据电路列写方程：

$$2u_1' = i_2'(Z_1+Z_2) + L\frac{di_2'}{dt} \tag{3-15}$$

求解，得到

$$u_2' = u_1'\frac{2Z_2}{Z_1+Z_2}(1-e^{-\frac{t}{\tau_L}}) = \alpha u_1'(1-e^{-\frac{t}{\tau_L}}),\tau_L = \frac{L}{Z_1+Z_2} \tag{3-16}$$

式中　α——没有电感时的电压折射系数。

行波通过串联电感折/反射波的情况表示在图 3-14 中。由于电感电流不能突变，因此当入射波作用在电感的初始瞬间，电感相当于开路，发生电流负的全反射，全部磁场能量转变为电场能量，使电压升高 1 倍，然后按指数规律变化。在无穷长直角电压波作用下，当 $t\to\infty$ 时，电感相当于短路，不起作用。

85

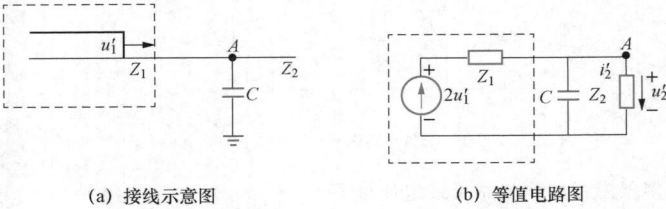

(a) 接线示意图　　　　　(b) 等值电路图

图 3-13　行波通过并联电容
示意图和等值电路

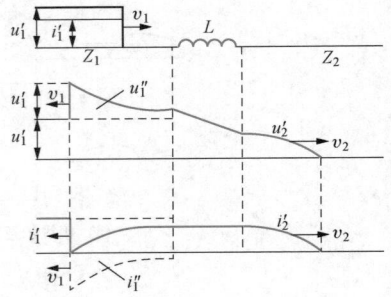

图 3-14　行波通过串联
电感时的折、反射

2. 无限长直角波通过并联电容

根据电路，列写如下方程：

$$2u'_1 = i'_2(Z_1 + Z_2) + CZ_1Z_2\frac{\mathrm{d}i'_2}{\mathrm{d}t} \tag{3-17}$$

求解，得到

$$u'_2 = u'_1\frac{2Z_2}{Z_1 + Z_2}(1 - \mathrm{e}^{-\frac{t}{\tau_C}}) = \alpha u'_1(1 - \mathrm{e}^{-\frac{t}{\tau_C}}) \tag{3-18}$$

$$\tau_C = \frac{Z_1Z_2}{Z_1 + Z_2} \cdot C$$

行波通过并联电容折、反射波的情况表示在图 3-15 中。

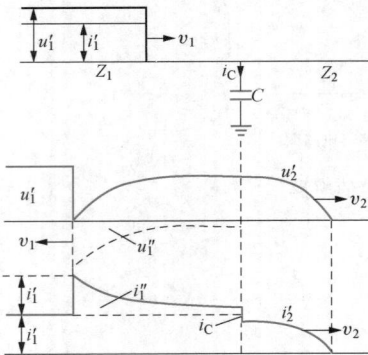

图 3-15　行波通过并联
电容时的折、反射

由于电容电压不能突变，因此当入射波作用在电容初始瞬间，电容相当于短路，全部电场能量转变为磁场能量，使 Z_2 上的电压为零，然后该电压按指数规律上升。在无穷长直角电压波作用下，当 $t \to \infty$ 时，电容相当于开路，不起作用。

3. 结论

可见无限长直角波穿过电感 L 或旁过电容 C 后，其波前都将被拉平，变成指数波前，最大波前陡度均出现在 $t=0$ 的瞬间，其值分别为

(1) 穿过电感：

$$\alpha_{\max} = \frac{\mathrm{d}u'_2}{\mathrm{d}t}\Big|_{\max} = \frac{\mathrm{d}u'_2}{\mathrm{d}t}\Big|_{t=0} = \frac{2u'_1Z_2}{L} \tag{3-19}$$

(2) 旁过电容：

$$\alpha_{\max} = \frac{\mathrm{d}u'_2}{\mathrm{d}t}\Big|_{\max} = \frac{\mathrm{d}u'_2}{\mathrm{d}t}\Big|_{t=0} = \frac{2u'_1}{Z_1C} \tag{3-20}$$

1) 行波穿过电感或旁过电容时，波前均被拉平，波前陡度变小，电容或电感越大，陡度越小。原因在于电感中的电流和电容上的电压是不能突变的，因而折射波的波前只能随着流过电感的电流逐渐增大或电容逐渐充电而逐渐上升。

2) 在无限长直角波的情况下，串联电感和并联电容对电压的最终稳态值都没有影响。

就像 L、C 都不存在一样。因为在直流电压作用下，电感上没有压降，相当于短接，电容充满电以后相当于开路。

3）从折射波的角度来看，串联电感与并联电容的作用是一样的，但从反射波的角度来看，二者的作用相反：当波刚到达节点时，电感上出现电压的全反射和电流的负全反射；使第一条线路上的电压加倍、电流变零；而电容上则出现电流的全反射和电压的负全反射。使第一条线路上的电压变零、电流加倍。随着时间的推移，加倍的量按指数规律下降，变零的量按指数规律上升。

4）串联电感和并联电容都可以用作过电压保护措施，它们能减小过电压波的波前陡度和降低极短过电压波的幅值。但就第一条线路（Z_1）上的电压来说，采用电感会使电压加倍，而采用电容不会使电压增大。

因此，从过电压保护的角度出发，采用并联电容更有利。

【例 3 - 10】 两个不同波阻抗 Z_1 和 Z_2 的长线相连于 A 点，当直角波从 Z_2 上入射，传递至 A 点时将发生折射与反射，则电压的反射系数为（　　）。

A. $\dfrac{Z_2-Z_1}{Z_1+Z_2}$　　　　B. $\dfrac{Z_1-Z_2}{Z_1+Z_2}$　　　　C. $\dfrac{2Z_1}{Z_1+Z_2}$　　　　D. $\dfrac{2Z_2}{Z_1+Z_2}$

【例 3 - 11】 波从一条线路 Z_1 入射到另一条线路 Z_2 中，则电流的反射系数为（　　）。

A. $\dfrac{2Z_2}{Z_1+Z_2}$　　　　B. $\dfrac{2Z_1}{Z_1+Z_2}$　　　　C. $\dfrac{Z_2-Z_1}{Z_1+Z_2}$　　　　D. $\dfrac{Z_1-Z_2}{Z_1+Z_2}$

【例 3 - 12】 在架空进线与电缆段之间插入电抗器后，可以使该点的电压折射系数（　　）。

A. $\alpha<-1$　　　　B. $-1<\alpha<0$　　　　C. $0<\alpha<1$　　　　D. $\alpha>1$

【例 3 - 13】 如图 3 - 16 所示，某变电站高压母线上有一条波阻抗为 $Z_1=500\Omega$ 的架空线路和一条波阻抗为 $Z_2=50\Omega$ 的电缆线路。当幅值为 $U_0=100\text{kV}$ 的直角电压波从架空线路侵入变电站时，母线上的避雷器动作，设避雷器的工作电阻为 $R=80\Omega$，母线上的过电压幅值大小为（　　）kV。

A. 12　　　　　　　　　　　　B. 22

C. 32　　　　　　　　　　　　D. 42

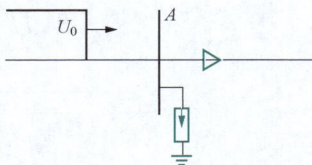

图 3 - 16　例 3 - 13 图

【例 3 - 14】 （多选）关于彼得逊法则，以下说法正确的是（　　）。

A. 入射波线路可用数值等于电压入射波 2 倍的等值电压源和数值等于线路波阻抗的电阻串联来等效

B. 多条折射波线路分别可以用数值等于该线路波阻抗电路的电阻并联来等效

C. R、L、C 等其他集中参数组件均保持不变

D. 入射波线路可用数值等于电压入射波 2 倍的等值电流源和数值等于线路波阻抗的电阻并联来等效

【例 3 - 15】 波阻抗为 Z 的线路末端接负载电阻 R 且 $R=Z$。入射电压 U_0 到达末端时，波的折反射系数为（　　）。

A. 折射系数 $\alpha=1$，反射系数 $\beta=0$　　　　B. 折射系数 $\alpha=-1$，反射系数 $\beta=1$

C. 折射系数 $\alpha=0$，反射系数 $\beta=1$　　　　D. 折射系数 $\alpha=1$，反射系数 $\beta=-1$

3.3　行波的多次折、反射

1. 行波的多次折射和反射的分析方法

实际电力系统中常会遇到一些并不太长的线路，会出现多次的折、反射，下面用图 3-17 所示的算例介绍网格法来计算多次折、反射波过程，使用网格法，需要满足叠加原理。

网格法也就是用网格图把波在节点上的各次折、反射情况，按照时间的先后逐一表示出来。

2. 行波的多次折射和反射网格图

$$\alpha_1 = \frac{2Z_0}{Z_1 + Z_0}, \alpha_2 = \frac{2Z_2}{Z_2 + Z_0}, \beta_1 = \frac{Z_1 - Z_0}{Z_1 + Z_0}, \beta_2 = \frac{Z_2 - Z_0}{Z_2 + Z_0}$$

设一无限长直角波 U_0 从线路 1 投射到节点 A 上，折射波 $\alpha_1 U_0 \rightarrow Z_0 \rightarrow B$ 点，B 点产生折射波 $\alpha_1 \alpha_2 U_0$ 和反射波 $\alpha_1 \beta_2 U_0$，$\alpha_1 \beta_2 U_0 \rightarrow Z_0 \rightarrow A$ 点，产生反射波 $\alpha_1 \beta_2 \beta_1 U_0$，它又沿着 Z_0 传递到 B 点，在 B 点产生的第二个反射 $\alpha_1 \beta_2^2 \beta_1 U_0$ 又向 A 点传去，依次进行。

线路各点上的电压即为所有折、反射波的叠加，但要注意它们到达时间的先后，波传过长度为 l_0 的中间线段所需的时间 $\tau = l_0 / v_0$（式中，v_0 为中间线段的波速）。

以节点 B 上的电压为例，参照图 3-17 中的网格图，以入射波 U_0 到达 A 点的瞬间作为时间的起算点（$t=0$），则节点 B 在不同时刻的电压为

当 $0 \leqslant t < \tau$ 时，$u_B = 0$；

当 $\tau \leqslant t < 3\tau$ 时，$u_B = \alpha_1 \alpha_2 U_0$；

当 $3\tau \leqslant t < 5\tau$ 时，$u_B = \alpha_1 \alpha_2 (1 + \beta_1 \beta_2) U_0$；

当 $5\tau \leqslant t < 7\tau$ 时，$u_B = \alpha_1 \alpha_2 [1 + \beta_1 \beta_2 + (\beta_1 \beta_2)^2] U_0$。

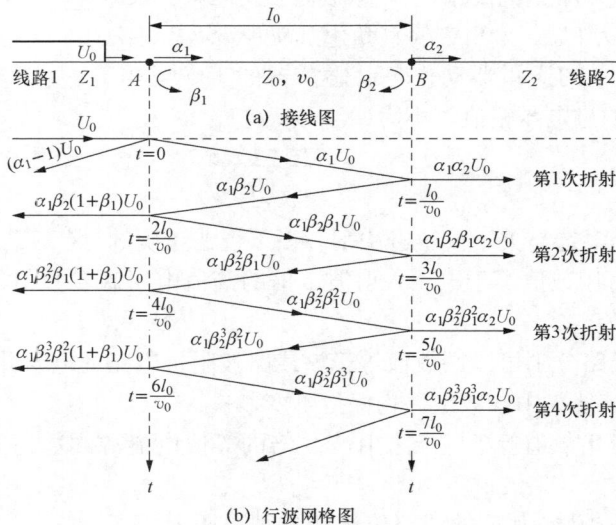

图 3-17　行波的多次折射和反射网格图

当发生第 n 次折射后，即当（$2n-1$）$\tau \leqslant t <$（$2n+1$）τ 时，节点 B 上的电压将为

$$u_B = U_0 \alpha_1 \alpha_2 \frac{1-(\beta_1\beta_2)^n}{1-(\beta_1\beta_2)} \qquad (3\text{-}21)$$

当 $t \to \infty$ 时，即 $n \to \infty$ 时，节点 B 上的电压最终幅值将为

$$U_B = \frac{2Z_2}{Z_1+Z_2}U_0 = \alpha U_0 \qquad (3\text{-}22)$$

结论：

（1）线路各点上的电压即为所有折、反射波的叠加，但要注意它们到达时间的先后，波传过长度为 l_0 的中间线段所需的时间 $\tau = \dfrac{l_0}{v_0}$（式中，v_0 为中间线段的波速）。

（2）当 $t \to \infty$，即 $n \to \infty$ 时，节点 B 上的电压最终幅值只由 Z_1 和 Z_2 来决定，而与中间线段的存在与否无关。即在无限长直角波作用下经多次折、反射，最后达到稳态值和中间线路的存在与否无关。

（3）到达稳态值以前的电压变化波形则与中间线的存在，以及 Z_0 与 Z_1、Z_2 的相对大小有关。

3.4　波在多导线系统中的传播

实际的输电线路都是多导线系统。由图 3-18 所示，这时每根导线都处于沿某根或若干根导线传播的行波所建立起来的电磁场中，因而都会感应出一定的电位。这种现象在过电压计算中具有重要的实际意义，因为作用在任意两根导线之间绝缘上的电压就等于这两根导线之间的电位差，所以求出每根导线的对地电压是必要的前提。

$$u_1 = i_1 Z_{11}, i_1 = \frac{u_{11}}{Z_{11}}, u_2 = i_1 Z_{21} = \frac{Z_{21}}{Z_{11}}u_1 = k_0 u_1$$

可得到：

（1）k_0 称为导线 1 和导线 2 之间的几何耦合系数，它代表导线 2 由于导线 1 的电磁场的耦合作用而获得的同极性电位的相对值的能力。

（2）由于互波阻抗 Z_{21} 小于自波阻抗 Z_{11}，因此耦合系数 $k_0 < 1$。

（3）互波阻抗随两导线间距离的减小而增大，因此两根导线靠得越近，导线间的耦合系数 k_0 就越大。

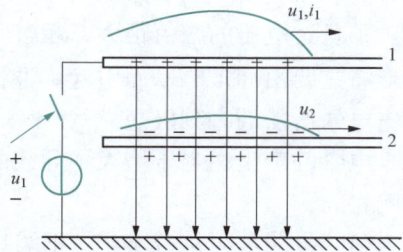

图 3-18　平行多导线系统中的耦合关系

（4）导线耦合系数是输电线路防雷计算的重要参数，由于耦合作用，在导线 1、2 之间的电位差为 $u_{12} = u_1 - u_2 = $（$1-k_0$）$u_1 < u_1$。

可见，耦合系数 k_0 越大，线间绝缘上承受到的电压越小，则越有利于绝缘子串的安全运行。耦合系数是输电线路防雷计算中的一个重要参数。

3.5　波在有损线路、变压器、旋转电机绕组中的传播

任何一条线路都有损耗，引起能量损耗的因素：

笔记

3.5.1 有损线路的波过程　A类考点

1. 行波能量损耗导致的结果

（1）波幅降低——波的衰减。

（2）波前陡度减小——波形被拉平。

（3）波长增大——波被拉长。

（4）波形凹凸不平处变得圆滑。

（5）电压波与电流波的波形不再相同。

以上现象对电力系统过电压防护有着重要的意义。

【例3-16】【相关真题】行波经过在有损线路上的传播后，均发生一系列变化，下面说法不正确的是（　　）。

A. 电压波与电流波波形不相同　　　　B. 波长减小

C. 波前陡度减小　　　　　　　　　　D. 波幅降低

2. 冲击电晕对导线上波过程的影响

一旦过电压的幅值很大，超过了导线电晕起始电压 U_c，那么波沿线路传播时的衰减和变形将主要由冲击电晕而引起。冲击电晕是在冲击电压波前上升到 U_c 时才开始出现，形成冲击电晕所需的时刻极短。

电晕的产生相当于增大了导线的半径，增大了导线的对地电容，因此对波过程产生如下影响：

（1）导线波阻抗减小，一般可减小 20%～30%。

（2）波速减小，可减小到 $0.75c$（c 为光速）。

（3）耦合系数增大。

（4）引起波的衰减与变形。

【例3-17】（多选）行波在理想无损线路上传播时，能量不会散失，但在实际线路中都是有损耗的，引起能量损耗的因素有（　　）。

A. 导线电阻　　　　　　　　　　　B. 绝缘的泄漏电导与介质损耗

C. 极高频或陡波下的辐射损耗　　　D. 冲击电晕

【例3-18】导线上出现冲击电晕后，使（　　）。

A. 导线的波阻抗增大　　　　　　　B. 导线的波速增大

C. 行波的幅值增大　　　　　　　　D. 导线的耦合系数增大

【例 3-19】　如果过电压的幅值很大时，波在沿架空线路传播过程中发生衰减和变形的决定因素是(　　)。

A. 导线电阻　　　　　　　　　　B. 导线对地电感

C. 导线对地电容　　　　　　　　D. 冲击电晕

3.5.2　变压器绕组中的波过程　A 类考点

1. 影响变压器绕组波过程因素

(1) 绕组的接法（星形或三角形）。

(2) 中性点接地方式（接地或者不接地）。

(3) 进波情况（一相、两相或三相）。

分析变压器绕组的主绝缘和纵绝缘上出现的过电压可能达到的幅值和波形是变压器绝缘结构设计的基础。

2. 单相绕组中的波过程等值电路

只需研究单相绕组中波过程的两种情况：

(1) 单相绕组末端接地。采用 Y 接法的高压绕组的中性点直接接地，任何一相进来的过电压都在中性点入地，对其他几相没有影响。

(2) 单相绕组末端不接地。中性点不接地，但三相同时进波时各相完全对称。

为了便于分析，通常作如下简化：

(1) 假定电气参数在绕组各处均相同（即绕组均匀）。

(2) 忽略电阻和电导。

(3) 不单独计入各种电感，而把它们的作用归并到自感中。

这样即可得出图 3-19 所示的单相绕组波过程简化等值电路。

3. 变压器绕组中的电压分布

雷电波沿输电线路侵入变电站，使得变压器的绕组受到冲击电压的作用。由于变压器绕组本身是一个复杂的电感电容网络，因此在冲击波作用下会引起强烈的电磁振荡过程。

(1) 初始电压分布。用直角波 U_0 模拟雷电波，直角波开始作用瞬间，电感相当于开路，由电容 C_0、K_0 决定电位的起始分布。大部分压

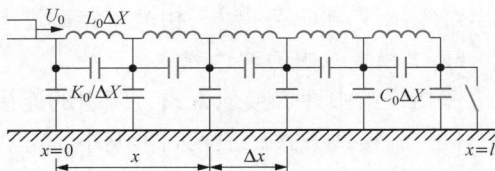

图 3-19　单相绕组中的波过程等值电路
L_0—单位长度的自感；C_0—对地电容；
K_0—匝间电容；Δx—每匝长度

降在绕组首端附近，绕组首端的电位梯度最大，因此，对绕组首端的绝缘应采取保护措施。

无论中性点接地方式如何，初始最大电位梯度均出现在绕组首端，其值为

$$\frac{\mathrm{d}u}{\mathrm{d}x}\bigg|_{x=0} \approx -U_0\alpha = -\frac{U_0}{l}\cdot\alpha l \tag{3-23}$$

式中　α——代表变压器冲击波特性的一个很重要的指标，α 越大，初始分布越不均匀，故 α 越小越好，$\alpha=\sqrt{\dfrac{C_0}{K_0}}$。

(2) 稳态电压分布。确定绕组稳态电压分布时，C_0、K_0 均开路，电感相当于短路，故

稳态电压只决定于绕组的电阻。当绕组中性点接地时，电压自首端（$x=0$）至中性点（$x=l$）均匀下降，呈线性分布；而中性点绝缘时，绕组上各点对地电位均与首端对地电位相同。

（3）最大电位包络线。由于电压沿绕组的起始分布与稳态分布不同，加之绕组是分布参数的振荡回路，因此由初始状态到达稳态分布必有一个振荡过程。

由于变压器绕组中各点的振荡频率不尽相同，因此各点是在不同的时刻达到自己的 $U_{\max}$。如果把各个时刻振荡过程中绕组各点出现的最大电位记录下来，即可连成最大电位包络线。绕组中各点最大电位可以用下面的式子估算：

$$U_{\max} = 2U_{稳态} - U_0$$

末端接地的绕组中，最大电位将出现在绕组首端 1/3 处附近，其值可达 $1.4U_0$ 左右；末端不接地的绕组中最大电位将出现在中性点附近，其值可达 $1.9U_0$ 左右。实际的绕组内总是有损耗的，因此最大值将低于上述值。

4. 变压器对过电压的内保护

（1）补偿对地电容电流（横向补偿）。在绕阻首端加装静电环、静电匝、静电屏等，补偿对地电容 C_0 的分流，使纵向电容 K_0 上的电压降落均匀化。

（2）增大纵向电容（纵向补偿）。加大纵向电容 K_0 的值，使对地电容 C_0 的影响相对减小，即减小 α 值，从而使电压初始分布变得比较均匀。

5. 波在变压器绕组间的传递方式

（1）静电感应（电容传递）。通过绕组之间的电容耦合而传递过来，其大小与变压器的变比没有关系。只有在波投射到高压绕组时，才有可能对低压绕组造成危险，针对这种电压分量，只要用一只阀式避雷器接在任一相低压绕组出线端上，就能为整个三相低压绕组提供保护。

（2）电磁感应（电感传递）。通过磁耦合而产生。由于低压绕组的相对冲击强度（冲击耐压与额定相电压之比）要比高压绕组大得多，因此高压绕组进波不会对低压绕组产生危险；只有在低压绕组进波时，有可能在高压绕组中引起危险。针对这种分量，通常只需紧贴高压绕组出线端安装一组三相避雷器对过电压进行保护就可以了。

6. 三相绕组中的波过程

三相绕组中性点接地方式、绕组的连接方式和进波过程不同，则波的振荡过程也不同。

（1）Y_0 接线方式。三相间影响小，可看作 3 个独立的末端接地的单相绕组。无论进波情况如何，都可按末端接地单相绕组中的波过程来处理。

（2）Y 接线方式。如图 3-20 所示，如果三相同时进波，则与末端不接地的单相绕组中的波过程基本相同，利用叠加原理可得中性点处的最大电压可达首端电压的 2 倍左右。

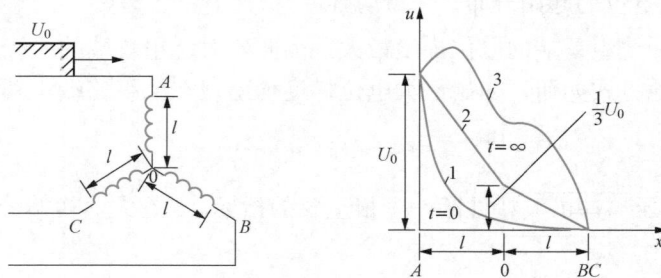

图 3-20 Y 接法绕组单相进波时的电压分布
1—初始分布；2—稳定分布；3—最大电压包络线

1）有一相进波，中性点稳态电压为 $U_0/3$，最大电压不会超过 $2U_0/3$。

2）有两相进波，中性点稳态电压为 $2U_0/3$，最大电压不会超过 $4U_0/3$。

3）有三相进波，中性点稳态电压为 U_0，最大电压不会超过 $2U_0$。

（3）△接线方式。如图 3-21 所示，这时较严重的情况出现在两相或三相进波时，振荡中最大电压将位于绕组中部，数值接近 $2U_0$。

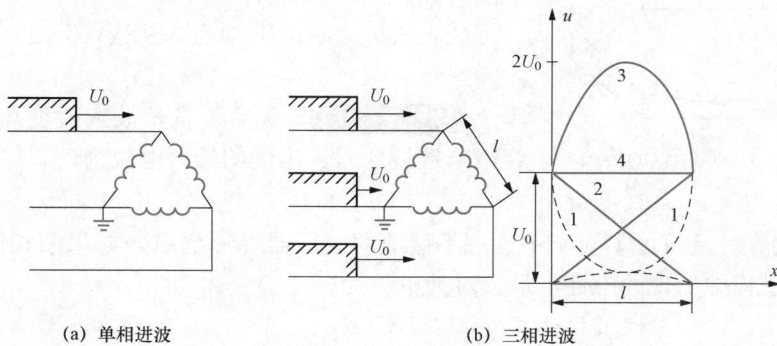

图 3-21　△接线单相进波和三相进波的电压分布

3.5.3　旋转电机绕组中的波过程　C 类考点

一般认为旋转电机绕组中波过程与输电线路中波传播过程相似，所以采用输电线路波过程分析方法分析，引入波速、波阻抗等参数分析。

1. 结构特点

（1）高速、大容量的电机是单匝的。对于单匝绕组不存在匝间电容，单匝绕组的等值电路等同于输电线路，具有一定的波阻抗。

（2）低速、小容量电机绕组是多匝的。对于多匝绕组，由于运行中的电机采用了限制侵入射波陡度的措施，侵入电机的冲击电压的波头已很平缓，可以忽略匝间电容的影响，因此多匝绕组的等值电路仍等同于输电线路，具有一定的波阻抗。

（3）波在电机绕组中传播时，与在输电线路上的传播过程不同，它存在着可观的铁损、铜损，因此随着波的传播，波将较快地衰减和变形。

（4）槽内外波阻抗及波速不相同，如图 3-22 所示。通常所指的波阻抗是内外波阻抗的平均值，电机绕组的波阻抗与其匝数、电压等级及额定容量有关，一般随容量的增加而减少。

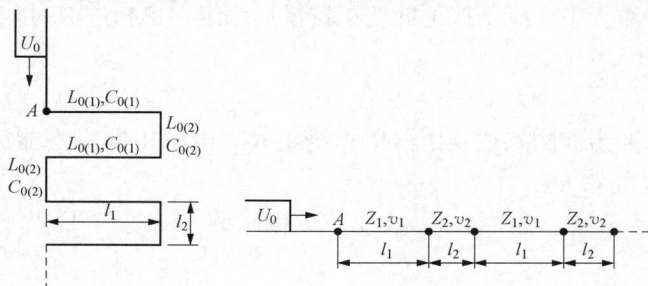

下标 1—槽内；下标 2—端部

图 3-22　考虑槽内外不同条件所得出的电机绕组波过程等值电路

2. 电机绕组中的波过程

（1）作用在匝间绝缘上的电压为 $u_{\mathrm{w}} = \alpha \dfrac{l_0}{v_0}$，$l_0$ 为绕组一匝的长度，v_0 为平均波速。

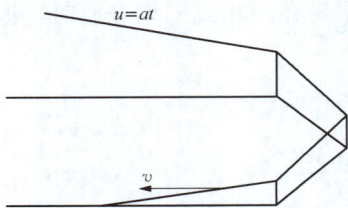

图 3-23 波沿一匝绕组的传播

（2）匝间电压与进波陡度 α 成正比，当匝间电压超过匝间绝缘的冲击耐压值时，就可能引起匝间绝缘击穿事故，如图 3-23 所示。

（3）将进波陡度限制在 $5\sim6\mathrm{kV}/\mu\mathrm{s}$ 以下，则可避免匝间绝缘故障。

【例 3-20】 无穷长直角波入侵变压器单相绕组，绕组末端接地时，出现的最大电位为（　　）。

A. $1.4U_0$ 　　　　 B. $1.6U_0$ 　　　　 C. $1.8U_0$ 　　　　 D. $1.9U_0$

【例 3-21】 【真题】对于中性点不接地的变压器星形绕组，如果两相同时进入入侵波 U，在振荡过程中出现的中性点最大对地电位为（　　）。

A. $2U/3$ 　　　　 B. $4U/3$ 　　　　 C. $2U$ 　　　　 D. $8U/3$

【例 3-22】 无穷长直角波入侵变压器单相绕组，绕组末端接地时，最大电位出现在（　　）。

A. 绕组首端 　　　　　　　　　　 B. 中性点附近

C. 绕组首端 1/3 处 　　　　　　　 D. 绕组首端 2/3 处

【例 3-23】 对于中性点不接地的变压器星形绕组，如果两相同时进入入侵波 U，在振荡过程中出现的中性点的稳态电位为（　　）。

A. $2U/3$ 　　　　 B. $4U/3$ 　　　　 C. $2U$ 　　　　 D. $8U/3$

【例 3-24】 对于中性点不接地的变压器星形绕组，三相同时进波时，中性点的稳态电位为（　　）。

A. $2U/3$ 　　　　 B. $4U/3$ 　　　　 C. $2U$ 　　　　 D. U

【例 3-25】 对于中性点不接地的变压器星形绕组，三相同时进波时，中性点的最大电位可达（　　）。

A. $2U/3$ 　　　　 B. $4U/3$ 　　　　 C. $2U$ 　　　　 D. U

【例 3-26】 对于中性点不接地的变压器星形绕组，单相进波时，中性点的稳态电位可达（　　）。

A. $U/3$ 　　　　 B. $2U/3$ 　　　　 C. $4U/3$ 　　　　 D. U

【例 3-27】 对于中性点不接地的变压器星形绕组，单相进波时，中性点的最大电位可达（　　）。

A. $U/3$ 　　　　 B. $2U/3$ 　　　　 C. $4U/3$ 　　　　 D. U

【例 3-28】 冲击波刚到达变压器单相绕组时，电感中电流不能突变，相当于开路，变压器单相绕组可以等效为（　　）。

A. 电容链 　　　 B. 电阻链 　　　 C. 电感链 　　　 D. L—C 链

习题　📚

（1）电力系统中出现的对绝缘有危险的电压升高和电位差升高称为（　　）。

　　A. 击穿电压　　　　B. 绝缘电压　　　　C. 过电压　　　　D. 电晕电压

（2）当分析高频波过程时，对于长线路一般采用（　　）模型。

　　A. 集中参数　　　　B. 分布参数　　　　C. 纯电阻电路　　　　D. 纯电抗电路

（3）对于长线路，线路上的冲击电压和冲击电流不仅与时间有关，而且还与（　　）有关。

　　A. 计算点的距离　　　B. 电压幅值　　　　C. 频率　　　　D. 波形

（4）行波在架空导线的传播速度与在电缆上的传播速度相比，（　　）。

　　A. 两者一样大　　　　　　　　　　　B. 架空线上速度大

　　C. 电缆线路上速度大　　　　　　　　D. 与其他因素有关

（5）某架空线路，有一电压幅值为 500kV 的过电压波，还有一条 200kV 的反向运动波，两波叠加范围内对地电压值为（　　）kV。

　　A. 500　　　　　　B. 200　　　　　　C. 700　　　　　　D. 300

（6）波从一条线路 Z_1 进入另一条线路 Z_2 中，则电压的反射系数为（　　）。

　　A. $\dfrac{2Z_2}{Z_1+Z_2}$　　　　B. $\dfrac{2Z_1}{Z_1+Z_2}$　　　　C. $\dfrac{Z_2-Z_1}{Z_1+Z_2}$　　　　D. $\dfrac{Z_1-Z_2}{Z_1+Z_2}$

（7）波从一条线路 Z_1 进入另一条线路 Z_2 中，则电压的折射系数为（　　）。

　　A. $\dfrac{2Z_2}{Z_1+Z_2}$　　　　B. $\dfrac{2Z_1}{Z_1+Z_2}$　　　　C. $\dfrac{Z_2-Z_1}{Z_1+Z_2}$　　　　D. $\dfrac{Z_1-Z_2}{Z_1+Z_2}$

（8）若此时线路末端开路，即 $Z_2=\infty$，则电压的折射系数和反射系数的关系是（　　）。

　　A. $\alpha=1$，$\beta=-1$　　　　　　　　B. $\alpha=2$，$\beta=-1$

　　C. $\alpha=2$，$\beta=1$　　　　　　　　　D. $\alpha=0$，$\beta=1$

（9）若此时线路末端短路，即 $Z_2=0$，则电压的折射系数和反射系数的关系是（　　）。

　　A. $\alpha=0$，$\beta=-1$　　　　　　　　B. $\alpha=2$，$\beta=-1$

　　C. $\alpha=2$，$\beta=1$　　　　　　　　　D. $\alpha=0$，$\beta=1$

（10）（多选）直角波通过与导线串联的电感时，对波过程的影响说法正确的是（　　）。

　　A. 当 $t=0$ 时，电感相当于短路，折射电压为 0，之后按指数规律上升

　　B. 电感降低了折射电压的陡度

　　C. 直角波穿过电感，波前被拉平

　　D. 从反射波的角度看，串联电感不如并联电容有利

（11）直角波通过串联电感或并联电容后，其稳态值（　　）。

　　A. 上升　　　　　　　　　　　　　　B. 降低

　　C. 不变　　　　　　　　　　　　　　D. 两者无关

（12）两个不同波阻抗 Z_1、Z_2 的长线相连于 A 点，行波在 A 点将发生折射与反射，反射系数的 β 取值范围为 [0，2]；折射系数 α 的取值范围为 [-1，1]。（　　）

　　A. 正确　　　　　　　　　　　　　　B. 错误

（13）电磁波通过波阻抗为 Z 的导线时，能量以电能、磁能的方式储存在周围介质中，而不是被消耗掉。（　　）

　　A. 正确　　　　　　　　　　　　　　B. 错误

（14）α 代表变压器冲击波特性的一个很重要的指数，α 越大，初始电压分布（　　）。

A. 不均匀   B. 均匀

C. 两者无关系   D. 和其他因素有关

(15) 下列关于绕组的波过程，说法正确的是（　　　）。

A. 振荡过程中，绕组各点的电位并非同时达到最大值

B. 绕组末端接地方式对电压初始分布影响很大

C. 绕组末端不接地时，振荡过程中的最大电位出现在绕组首端

D. 绕组末端接地时，对于均匀绕组，绕组最大电位可达 $1.9U_0$

(16)（多选）引起波能量损耗的因素有（　　　）。

A. 导线电阻   B. 大地电阻

C. 绝缘的泄漏电导与介质损耗   D. 极高频和陡波下的辐射损耗

(17) 波在变压器绕组中的传递包括（　　　）。

A. 静电感应   B. 电磁感应   C. 电晕作用   D. 冲击击穿

(18) 旋转电机绕组中的波过程与输电线路中的波过程（　　　）。

A. 完全不同   B. 相似   C. 完全一样   D. 两者无关

(19)（多选）改善绕组电位分布的方法有（　　　）。

A. 对地补偿电压   B. 缩小纵电容

C. 增大纵向电容   D. 对地补偿电容电流

(20) 导线 1 上有电压波 U 传播时，与导线 1 平行的导线 2 上会产生感应电压波，两根导线之间距离越近，导线 2 上的电压波就越大。（　　　）

A. 正确   B. 错误

(21) 变压器绕组遭受过电压作用的瞬间，绕组各点的电位按绕组的电导分布，最大电位梯度出现在绕组的首端。（　　　）

A. 正确   B. 错误

(22) 如果入射波不是无限长直角波，而是波长很短的矩形波（类似于冲击截波），那么串联电感不但能拉平波前和波尾，而且还能在一定程度上降低其幅值。（　　　）

A. 正确   B. 错误

第4章

电力系统防雷保护

雷电对电力系统的危害主要体现在两方面：一是产生幅值较高的雷电过电压，引起系统过电压，造成绝缘故障及停电；另一方面是产生较大的雷电过电流，其热效应和电动力效应损坏被击物体。

通常，将雷电引起的电力系统过电压称为雷电过电压（大气过电压）。

（1）感应雷过电压：感应雷过电压是由于电磁场的剧烈变化，电磁耦合而产生的过电压。例如，雷击于线路附近大地或雷击于接地的线路杆塔顶部时，在绝缘的导线上引起的感应过电压。

（2）直击雷过电压：直击雷过电压则是雷电直接击中电气设备或输电线路时，由于流经被击物很大的雷电流所造成的过电压。

【例4-1】 由直接雷击或雷电感应而引起的过电压称为（　　）过电压。

A. 大气过电压　　　B. 操作过电压　　　C. 谐振过电压　　　D. 感应过电压

【例4-2】 （相关真题）输电线路上出现的大气过电压有两种：一种是直击雷过电压，一种是感应雷过电压。（　　）

A. 正确　　　　　　　　　　　　　B. 错误

4.1 雷电放电和雷电过电压

4.1.1 雷电放电特征　A类考点

1. 雷电放电本质及放电过程

通常认为在含有饱和水蒸气的大气中，当有强烈的上升气流时，就会使空气中的水滴带电，这些带电的水滴被气流所驱动，逐渐在云层的某些部位集中起来。雷云就是积聚了大量电荷的云层，一般云块的上部带正电荷，下部带负电荷，而在中间处出现正负电荷的混合区域。雷云放电的本质是一种超长气间隙火花放电。

雷电放电过程主要如下。

（1）先导。在雷云带有电荷后，若某一点的电荷较多，且在它附近的电场强度达到足以使空气绝缘破坏的强度（25～30kV/cm）时，空气便开始游离，使这一部分由原来的绝缘状态变为导电性的通道。雷云大多下部聚集大量负电荷，在云地之间形成强场，从而产生微弱的先导放电，这个导电性通道的形成，称为先导放电。先导放电通常表现为树枝状，且一般只有一条放电分支到达地面。

（2）主放电。当先导放电到达大地，或者与大地较突出的部分迎面会合后，形成主放电。在主放电阶段，雷击点有巨大的电流流过，大多数雷电流峰值可达数十甚至数百千安。

（3）余辉。主放电后，云中剩余电荷沿主放电通道流向大地。余辉放电电流仅数百安培，但持续的时间可达0.03～0.15s。

2. 雷暴日及雷暴小时

评价一个地区雷电活动频繁程度用雷暴日及雷暴小时表示，表 4-1 是根据雷暴日进行的雷区分类。

（1）雷暴日。一年中发生雷电的天数（以听到雷声为准，意味着一天之内能听到雷声就算一个雷暴日）。

（2）雷暴小时。一年中发生雷电的小时数。一个雷暴日可大致折合为 3 个雷暴小时。

表 4-1   雷 区 分 类

雷暴日	$T_d \leqslant 15$	$15 < T_d \leqslant 40$	$40 < T_d \leqslant 90$	$T_d > 90$
分类	少雷区	中雷区	多雷区	强雷区

3. 地面落雷密度

雷暴日或雷暴小时仅表示某一地区雷电活动的频繁程度，它没有区分雷云之间放电还是雷云与地面之间放电。一般情况下，雷击地面才能构成对电力系统设备及人员的直接损害，因此引入了落雷密度这个概念。地面落雷密度是指每一雷暴日、每平方公里的地面落雷的次数。我国标准对 $T_d = 40$ 的地区取落雷密度 $\gamma = 0.07$ 次/平方公里·雷电日。

4.1.2 雷电流及相关参数 A 类考点

在进行防雷计算时，需要将雷击过程进行等效，本节将介绍常用的雷电参数。

1. 雷电通道波阻抗

雷电击中地面物体的过程可以用图 4-1 所示的示意图和等值电路表示。雷电放电通道长达数千米，半径仅为数厘米，类似于一条分布参数线路，具有等值波阻抗，称为雷道波阻抗，我国规程建议 $Z_0 = 300\Omega$。

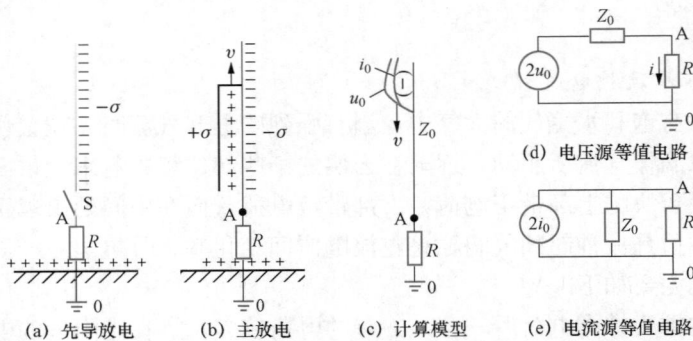

图 4-1 雷击过程的示意图及等值电路

2. 雷电流幅值

规程规定，雷电流是指雷击于 $R_j \leqslant 30\Omega$ 的低接地电阻物体时，流过该物体的电流。图 4-1 中，流过 R 的电流即为雷电流幅值。雷电流幅值是表示雷电强度的指标，也是产生雷电过电压的根源，所以是重要的雷电参数。

3. 雷电流的波前和波长

一般，雷电流的波前时间 T_1 在 1～4μs，平均为 2.6μs，波长（半峰值时间）T_2 在 20～

$100\mu s$，多数 $50\mu s$ 左右。在线路防雷计算时，一般规定，取雷电流波头时间为 $2.6\mu s$，波长对防雷计算结果影响很小，为了简化计算，一般也可视波长为无限长。

4. 雷电的极性

当雷云电荷为负时，所发生的雷云放电为负极性放电，雷电流极性为负；反之，雷电流极性为正。实测统计资料表明，不同的地形地貌，雷电流正负极性比例不同，负极性所占比例在 $75\%\sim90\%$，因此，防雷保护都取负极性雷电流进行研究。

【例 4-3】 （多选）表征雷电活动频繁程度的参数是雷暴日或雷暴小时，以下说法正确的是（　　）。

A. 雷暴日指的是一年中有雷电的天数

B. 雷暴小时指的是一年中有雷电的小时数

C. 年平均雷暴日不超过 15 的地区为少雷区；超过 15 但不超过 40 的为中雷区；超过 40 但不超过 90 的为多雷区

D. 年平均雷暴日超过 90 的地区及根据运行经验雷害特别严重的地区为强雷区

【例 4-4】 （多选）对于雷电放电说法，正确的是（　　）。

A. 雷电放电在电力系统中引起很高的雷电过电压（数千千伏），它是造成电力系统绝缘故障（绝缘发生闪络和损坏）和停电事故的主要原因

B. 雷电放电所产生的巨大电流，有可能使被击物体炸毁、燃烧、使导体熔断或通过电动力引起机械损坏

C. 对地放电的雷云绝大多数是带负电荷，雷电流为负极性

D. 雷电放电是一种超长气隙的火花放电

【例 4-5】 表示某地区雷电活动频繁程度的主要指标有雷暴小时与（　　）。

A. 耐雷水平　　　　　B. 雷暴日　　　　　C. 跳闸率　　　　　D. 大气压强

【例 4-6】 【相关真题】根据我国标准，对于雷暴日为（　　）的地区，地面落雷密度取 0.07 次/平方公里·雷电日。

A. 90　　　　　　　　B. 40　　　　　　　C. 15　　　　　　　D. 5

【例 4-7】 在我国防雷设计中，通常建议采用（　　）长度的雷电流波头长度。

A. $1.5\mu s$　　　　　B. $2.6\mu s$　　　　　C. $4\mu s$　　　　　D. $5\mu s$

5. 雷电流的陡度

由雷电流的幅值和波前时间决定，是电流随时间变化率，是电力系统防雷保护的一个重要参数，平均陡度 $\alpha=I/2.6 kA/\mu s$，波前陡度最大极限值为 $50 kA/\mu s$ 左右，超过这个值的雷电流出现的概率较小。

6. 雷电流的计算波形

雷电流常用的波形如图 4-2 所示。

（1）双指数波：又称雷电流的标准波形，与实际雷电流波形最为接近，但是计算比较复杂繁复。双指数波形也用作冲击绝缘强度试验的标准电压波形；

（2）斜角波：数学表达式最简单，用来分析与雷电流波前有关的波过程比较方便；

（3）斜角平顶波：用于分析发生在 $10\mu s$ 以内的各种波过程，有很好的等值性，在输电线路防雷设计中通常使用较多；

（4）半余弦波：对一般线路杆塔来说，用余弦波头计算雷击塔顶电位与用更便于计算的

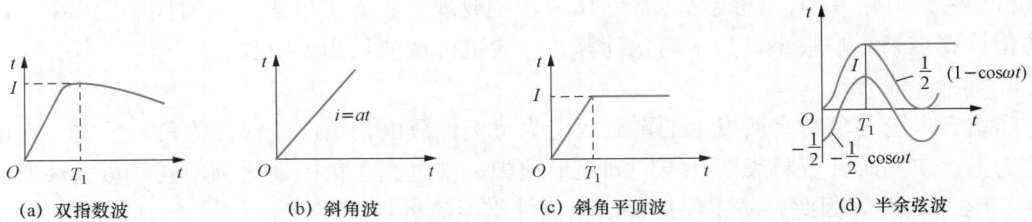

图 4-2　雷电流计算波形

(a) 双指数波　　(b) 斜角波　　(c) 斜角平顶波　　(d) 半余弦波

斜角波平顶波计算的结果非常接近，因此，只有在设计特殊大跨越、高杆塔时，才用半余弦波来计算。

7. 雷电过电压的形成

雷击地面由先导变成主放电的过程可以用一根已充电的垂直导线突然与被击物体接通来模拟。

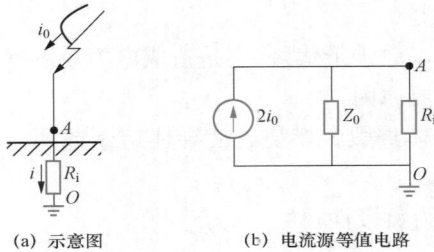

图 4-3　雷击接地体计算模型

(a) 示意图　　(b) 电流源等值电路

（1）雷击地面上接地良好的物体。图 4-3 所示，相对于雷电通道波阻抗，地面上物体接地电阻较小，一般小于 30Ω。若近似认为 R_i 为 0，则根据电路原理可得，$i=\dfrac{Z_0}{Z_0+R_i}\cdot 2i_0\approx 2i_0$。

可见，沿雷电通道下来的雷电流入射波的幅值为 $i_0=i/2$。

（2）雷击于输电线路导线。当雷击于输电线路导线时，雷电流波向雷击点两侧流动，等效电路与图 4-3（b）类似，若导线波阻抗为 Z，将图 4-3 中 R_i 变为 $Z/2$，则

$$i_Z=\frac{2U_0}{Z_0+Z/2}=\frac{2\cdot(I/2)\cdot Z_0}{Z_0+Z/2}$$

$$U_A=i_Z\frac{Z}{2}=I\frac{Z_0Z}{2Z_0+Z}$$

若假设 Z_0 为 $Z/2$，且导线波阻抗取 400Ω，则 $U_A=100I$。

8. 感应雷过电压

（1）产生原因。图 4-4 为感应雷击过电压产生机理示意图。在先导放电阶段，虽然有束缚电荷的存在，但是由于负电荷移动较慢，故线路上产生的电流较小，相应的电压波也较小，可忽略。主放电阶段，先导通道中的剩余负电荷被迅速中和，导线上的束缚正电荷产生的电场使导线对地形成一定的电压，而雷电流产生的磁通在导线上也感应出一定的电压，分别称为感应雷击过电压的静电分量和电磁分量。这两者之和就是感应雷击过电压。

（2）估算公式。当线路无避雷线时，雷击线路附近大地时，导线上的感应雷击过电压的估算公式为

$$U_i=25\times\frac{Ih_c}{S}(\text{kV})$$

式中　h_c——导线平均架高；

　　　S——雷击点与线路之间的距离；

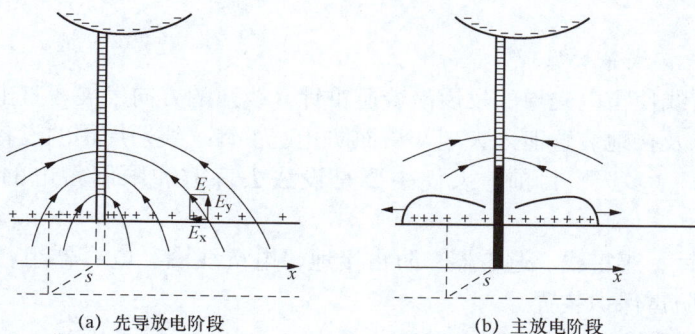

(a) 先导放电阶段　　　　　　　　　(b) 主放电阶段

图 4-4　感应雷击过电压产生机理示意图

I——雷电流幅值。

当线路安装避雷线时，导线上的感应雷过电压会降低。

（3）特点。

1）感应雷过电压的极性一定与雷云的极性相反，相邻导线间的耦合电压的极性相同。

2）感应雷过电压一定要在雷云及其先导通道中的电荷被中和后，才能出现。

3）感应雷过电压波前平缓（T_1 为数微秒到数十微秒），波长较长（T_2 为数百微秒）。

4）感应雷过电压在三导线上同时出现，且数值相等，故不会出现相间电位差及相间闪络，如幅值较大可引起对地闪络（一般只考虑感应雷过电压对 35kV 及以下线路的影响）。

【例 4-8】雷击线路附近地面时，导线上的感应雷过电压与导线的（　　）。

A. 电阻率成反比　　　　　　　　　B. 悬挂高度成反比

C. 悬挂高度成正比　　　　　　　　D. 电阻率成正比

【例 4-9】若导线上方架有避雷线，则导线上的感应过电压（　　）。

A. 降低　　　　　B. 升高　　　　　C. 不变　　　　　D. 为零

【例 4-10】感应雷击过电压的特点（　　）。

A. 波前平缓，波长较长　　　　　　B. 波前较陡，波长较长

C. 波前较陡，波长较短　　　　　　D. 波前平缓，波长较短

4.2　雷电保护装置

现代电力系统中实际采用的防雷保护装置有：

笔记

4.2.1　避雷针和避雷线　A 类考点

1. 避雷针和避雷线的防护对象

在电力系统中，采用避雷针、避雷线作为直击雷的防护措施，防止雷电直接击中被保护物体。一般情况下，避雷针用于变电站、发电厂的直击雷防护，避雷线用于输电线路的直击

高电压技术

雷防护。

2. 避雷针和避雷线保护原理

避雷针和避雷线使雷电先导的发展沿着避雷针（线）的方向发展，直击于其上，雷电流通过避雷针（线）及接地装置泄入大地，从而防止避雷针（线）周围的设备受到雷击。

【例 4 - 11】 （多选）目前，人们主要是设法去躲避和限制雷电的破坏，基本措施是（   ）。

A. 加装避雷针、避雷线、避雷器、防雷接地、电抗线圈、电容器组、消弧线圈、自动重合闸等防雷保护装置

B. 避雷针、避雷线用于防止直击雷过电压

C. 避雷器用于防止沿输电线路入侵变电站雷过电压

D. 以上说法都不对

【例 4 - 12】 避雷针、避雷线用于防止（   ）。

A. 直击雷电   B. 感应雷电   C. 冲击雷电   D. 绕击雷电

3. 避雷针的保护范围

避雷针（线）的保护范围是用模拟试验及运行经验确定的。表示避雷装置的保护效能，保护范围是相对的，每一个保护范围都有规定的绕击（概）率。我国有关规定所推荐的保护范围对应于 0.1% 的绕击率。绕击指雷电绕开避雷装置而击中被保护物体。

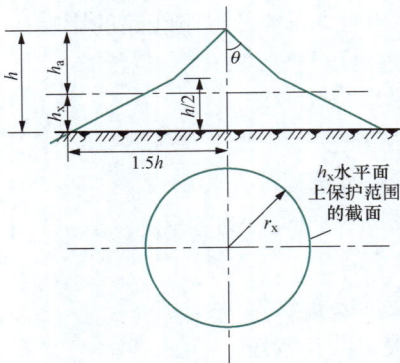

图 4 - 5 单支避雷针的保护范围
（当 $h \leqslant 30\text{m}$ 时，$\theta = 45°$）

（1）单根避雷针的保护范围。图 4 - 5 是单根避雷针的保护范围。在被保护物高度 h_x 水平面上，其保护半径 r_x 为

1）当 $h_x \geqslant h/2$ 时，$r_x = (h - h_x) P$

2）当 $h_x < h/2$ 时，$r_x = (1.5h - 2h_x) P$

式中 P——高度修正系数；h——避雷针高度。

当 $h \leqslant 30\text{m}$ 时，$P = 1$；当 $30\text{m} < h \leqslant 120\text{m}$ 时，$P = 5.5/\sqrt{h}$。

（2）多根避雷针的保护范围。

1）两根等高避雷针的保护范围。工程上多采用两根或多根避雷针，以扩大保护范围。两根等高避雷针保护范围的外侧按照单支避雷针的计算方法确定，两针间的保护范围由于相互屏蔽效应，而使保护范围增大，如图 4 - 6（a）所示。

2）两根不等高避雷针的保护范围。两支不等高避雷针的保护范围如图 4 - 6（b）所示。确定方法：首先按单个避雷针分别作出其保护范围，然后由低针 2 的顶点作水平线，与高针 1 的保护范围边界交于点 3，点 3 即为一假想等高针的顶点，再求出等高避雷针 2 和 3 的保护范围。

4. 避雷线的保护范围

（1）单根避雷线的保护范围。单根避雷线的保护范围如图 4 - 7 所示。

保护半径的计算公式如下：

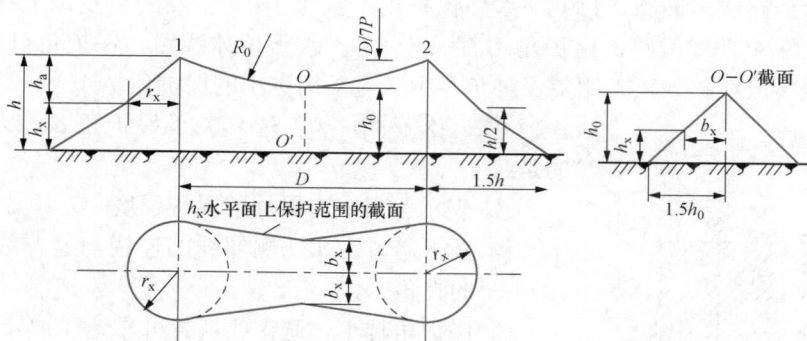

(a) 两根等高避雷针

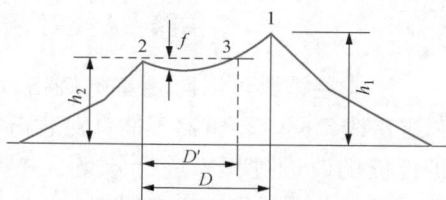

(b) 两根不等高避雷针

图 4 - 6　两根避雷针的保护范围

$$\begin{cases} r_x = 0.47(h - h_x)P & \left(h_x \geqslant \dfrac{h}{2}\right) \\ r_x = (h - 1.53 h_x)P & \left(h_x < \dfrac{h}{2}\right) \end{cases}$$

可见，单根避雷线的保护半径要比单根避雷针的保护半径小得多。

（2）两根等高避雷线的保护范围。两根等高避雷线的保护范围如图 4-8 所示。

其确定方法：两线外侧的保护范围按单根避雷线方法确定；两线内侧的保护高度由两线及保护范围上部边缘最低点 O 的圆弧来确定。

（3）保护角。保护架空线输电线路的避雷线的保护范围还有一种更简单的表达方式，即

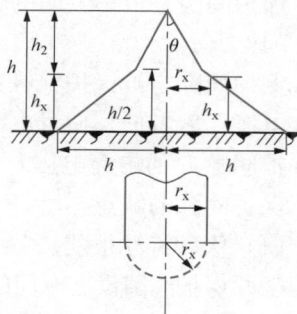

图 4 - 7　单根避雷线的保护范围
（当 $h \leqslant 30\text{m}$ 时，$\theta = 25°$）

采用它的保护角 α。保护角 α 是指避雷线和边相导线的连线与经过避雷线的铅垂线之间的夹角，如图 4 - 9 所示。工程上，多用保护角 α 表示避雷线对架空输电线路的保护程度。保护角越小，避雷线对导线的屏蔽保护作用越有效。

GB/T 50064—2014《交流电气装置的过电压保护与绝缘配合设计规范》中规定：①对于单回路：330kV 及以下线路的保护角不宜大于 15°；500～750kV 线路的保护角不宜大于 10°。

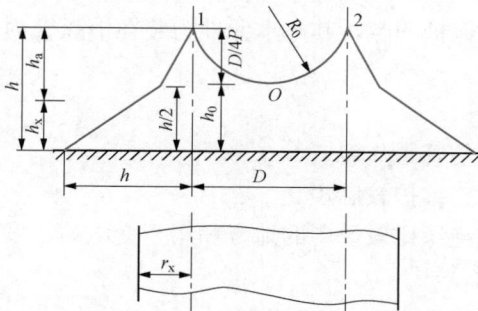

图 4 - 8　两根等高避雷线的联合保护范围

高电压技术

②对于同塔双回路或多回路，110kV 线路保护角不宜大于 10°，220kV 及以上线路的保护角不宜大于 0°。③单地线线路，保护角不宜大于 25°。④重覆冰线路，保护角可以适当加大。⑤多雷区和强雷区线路，可采用负保护角。山区应采用更小的保护角。

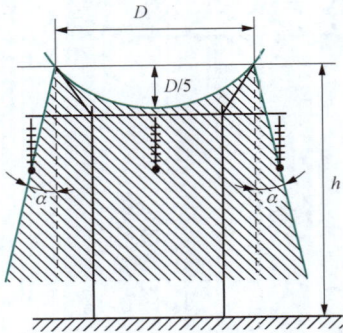

图 4-9 避雷线的保护角

【例 4-13】（多选）关于保护角 α，以下说法正确的是（　　）。

A. 表示避雷线对导线的保护程度
B. 是指避雷线和外侧导线的连线与避雷线的垂线之间的夹角
C. 保护角越小，避雷线就越可靠地保护导线免遭雷击
D. 山区宜采用较小的保护角

4.2.2 避雷器 A 类考点

避雷器可以防止雷电绕击或反击形成的入侵变电站及发电厂的电压波，与避雷针和避雷线不同，避雷器不能针对直击雷进行防护。

按避雷器发展历史和保护性能的改进过程来进行分类，主要包括保护间隙、管式避雷器、普通阀型避雷器、磁吹避雷器、金属氧化物避雷器等。有些类型的避雷器目前已经很少使用，有些类型的避雷器被性能优越的避雷器所代替，但有必要了解各种避雷器的特点。

1. 保护间隙

保护间隙是最早发明的较原始的一种避雷器，也称为"火花隙"。其接线图和结构图如图 4-10 所示。

保护间隙与被保护绝缘并联，它的击穿电压比后者低，使过电压波被限制到保护间隙 F 的击穿电压 U_b。

保护间隙的缺点：
（1）伏秒特性很陡。
（2）保护间隙没有专门的灭弧装置。
（3）产生大幅值的截波。

保护间隙的应用范围：仅用于不重要和单相接地不会导致严重后果的场合。

2. 管式避雷器（排气式避雷器）

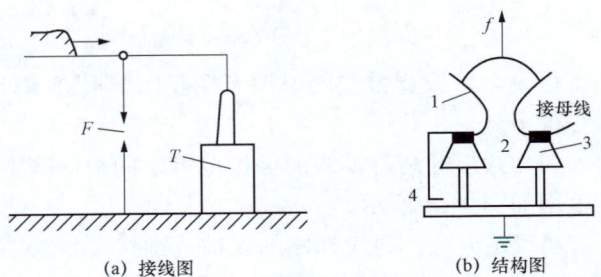

图 4-10 保护间隙

F—角形保护间隙；T—被保护设备；1—角形保护间隙的电极；2—主间隙；3—支柱绝缘子；4—辅助间隙；f—电弧的运动方向

管式避雷器实质上是一只具有较强灭弧能力的保护间隙，其基本元件为装在消弧管内的火花间隙，在安装时再串接一只外火花间隙。

管式避雷器的缺点：
（1）续流太小时不能灭弧，太大时产气过多，使管子炸裂。
（2）伏秒特性和产生截波方面与保护间隙类似，维护较麻烦。

管式避雷器的应用范围：仅安装在输电线路上绝缘比较薄弱的地方和用于变电站、发电厂的进线段保护中。

3. 普通阀式避雷器

阀式避雷器由火花间隙和阀片（非线性电阻）两个基本部件组成，如图 4-11 所示。阀

式避雷器的保护作用主要靠间隙和阀片的相互配合来完成。

对阀片的要求是它应具有良好的非线性伏安特性：即在冲击大电流下，其阻值应很小，让雷电流顺利泄入地下，且残压不高；在工频电流下，阻值要迅速变大，以利于灭弧。

4. 磁吹阀型避雷器

为了提高避雷器切断工频续流值，可以采用"磁吹"的方法，即利用磁场电弧的电动力作用，使电弧拉长或旋转，以提高间隙灭弧能力。磁吹间隙种类繁多，有旋弧型磁吹避雷器和灭弧栅型磁吹避雷器等。

5. 金属氧化物避雷器（MOA）

金属氧化物避雷器的非线性电阻阀片主要成分是氧化锌（ZnO），另外还有氧化铋及一些其他的金属氧化物，经过煅烧混料、造粒、成型、表面处理等工艺过程而制成。以此制成的避雷器称为金属氧化物避雷器（MOA）。金属氧化物主要成分是氧化锌，具有极其优异的非线性特性，金属氧化物避雷器有时也称为 ZnO 避雷器。ZnO 阀片和 SiC 阀片的伏安特性比较如图 4-12 所示，可见前者具有优异的非线性特性。

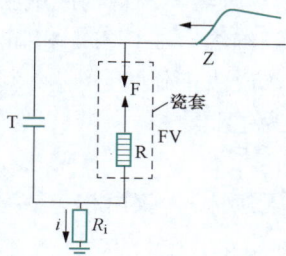

图 4-11　阀式避雷器示意图
F—火花间隙；R—阀片；Z—连线波阻抗；
T—被保护绝缘；R_i—接地装置的冲击接地电阻

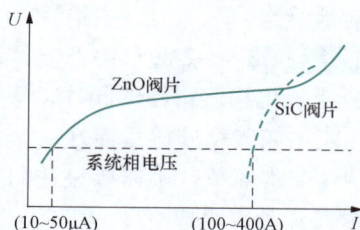

图 4-12　ZnO 阀片与 SiC 阀片的伏安特性比较

（1）金属氧化物避雷器的优点：

笔记

（2）金属氧化物避雷器的电气特性。由于 ZnO 避雷器没有串联火花间隙，也就没有灭弧电压、冲击放电电压等特性参数，但也有自己某些独特的电气特性。

1）额定电压。允许短期加在避雷器上的最大工频电压有效值，不等于安装位置处电网的额定电压。

2）避雷器残压。放电电流通过 ZnO 避雷器时，其端子间出现的电压峰值。

3）最大持续运行电压。允许持续加在避雷器上的系统最大工频电压有效值，一般等于或大于系统运行最大工作相电压。

4）工频参考电压（或转折电压）。避雷器通过 1mA 工频电流阻性分量峰值时，两端的工频电压峰值。ZnO 阀片伏安特性曲线上由小电流转入击穿区对应的电压值，也称起始动作电压。

5）压比。是指 ZnO 避雷器通过 $8/20\mu s$ 额定冲击放电电流下的残压与参考电压之比。

6）保护比。残压与最大持续运行电压峰值的比值。保护比越小越好。

7）荷电率。是指最大长期工作电压峰值与工频参考电压之比（45%～75%）或者更大。

【例 4-14】 （多选）关于避雷器说法正确的是（　　）。

A. 与被保护的电气设备串联连接，当过电压出现并超过避雷器的放电电压时，避雷器先放电，从而限制了过电压的发展，使电气设备免遭过电压损坏

B. 实质上是一种过电压限制器

C. 是专门用以限制线路传来的雷电过电压或操作过电压的一种防雷装置

D. 过电压作用时，避雷器先于被保护电力设备放电，当然这要由两者的全伏秒特性的配合来保证

【例 4-15】 保护间隙动作后会形成截波，对变压器类设备构成威胁的是（　　）。

A. 对地绝缘　　　　B. 主绝缘　　　　C. 匝间绝缘　　　　D. 相间绝缘

【例 4-16】 （多选）关于金属氧化物避雷器，说法正确的是（　　）。

A. 金属氧化物避雷器的阀片以氧化锌（ZnO）为主要原料

B. 性能不如碳化硅避雷器好

C. 结构非常简单，不需要火花间隙（无间隙、无续流），仅由相应数量的氧化锌阀片密封在瓷套内组成

D. 氧化锌阀片具有极好的非线性伏安特性

以上介绍了各种避雷器的特点，表 4-2 将各种避雷器进行综合比较。

表 4-2　　　　　　　　　　　　各种避雷器的综合比较

比较项目	避雷器类型		阀式避雷器		
	保护间隙	管式避雷器	普通阀式避雷器	磁吹避雷器	氧化锌避雷器
放电电压的稳定性	由于火花间隙暴露在大气中，周围的大气条件（气压、气温、湿度、污秽等）对放电电压有影响；由于火花间隙中是不均匀电场，存在极性效应		大气条件和电压极性对放电电压无影响		有十分稳定的起始动作电压
伏秒特性与绝缘配合	保护间隙和管式避雷器的伏秒特性 3 很陡，难以与设备绝缘的伏秒特性 2 取得良好的配合，但能与线路绝缘的伏秒特性 1 取得配合		此类避雷器的伏秒特性 2 很平坦，能与设备绝缘的伏秒特性 1 很好地配合		具有最好的陡波响应特性

比较项目	避雷器类型		阀式避雷器		
	保护间隙	管式避雷器	普通阀式避雷器	磁吹避雷器	氧化锌避雷器
动作后产生的波形	动作后产生陡度很大的截波，对变压器类设备的绝缘（特别是其纵绝缘）很不利		动作后电压不会降至零值，因有工作电阻上的压降		
灭弧能力（能否自动切断工频续流）	无灭弧能力，需与自动重合闸配合使用		有	很强	几乎无续流
通流容量	大	相当大	较小		较大
能否对内部过电压实施保护	不能，但在内部过电压下动作，本身并不会损坏		不能（在内部过电压下动作，本身将损坏）	能保护部分内部过电压	能
结构复杂程度	最简单	较复杂	复杂	最复杂	较简单
价格	最便宜	较贵	贵	最贵	较便宜
应用范围	低压配电网、中性点非有效接地电网	输电线路的绝缘弱点、变电站、发电厂的进线段保护	变电站	变电站、旋转电机	所有场合

4.2.3　防雷接地　A 类考点

1. 接地的相关概念

（1）接地装置。无论哪种接地都是通过接地装置实现的，接地体和接地线统称为接地装置。

埋入地中并直接与大地接触的金属导体称为接地体；电气设备接地部分与接地体相连接的金属导体（正常情况下不通过电流）称为接地线。

接地体分为自然接地体和人工接地体两大类。

自然接地体：主要用于别的目的，但也兼有接地体的作用。例如，钢筋混凝土基础、电缆的金属外皮、轨道、各种地下金属管道等都属于自然接地体。接地装置应充分利用自然接地体接地，但应校验自然接地体的热稳定性。

人工接地体：专为接地的目的而设置的接地体，包括垂直埋入地中的钢管、角钢、槽钢，水平敷设的圆钢、扁钢。在腐蚀较严重的地区可采用铜或铜覆钢材。为了减少外界温度变化对散流电阻的影响，埋入地下的接地体上部应距地面一定深度。接地装置的导体，应符合热稳定和均压的要求，还应考虑腐蚀的影响。

（2）电气地。大地是一个电阻很低、电容量很大的物体，拥有吸收无限电荷的能力，且吸收大量电荷后仍能保持电位不变，因此适合作为电气系统中的参考电位体，称为"电气地"。

电流通过接地体流入大地呈半球形散开，距接地体越近，这个半球形的球面越小，电阻越大；距接地极越远，球面越大，电阻越小。实验证明，在距单根接地极或碰地处 20m 以外的地方，呈半球形的球面已经很大，实际已没有什么电阻，该处的电位已接近于零。电位等于零的"电气地"称为"地电位"。将电流通过接地极向大地流散时产生明显电位梯度的土壤范围称为流散区，可见"地电位"是指流散区以外的土壤区域。

（3）接触电压与跨步电压。电气设备的接地部分（如接地的外壳和接地体等），与零电位的"大地"之间的电位差，称为接地部分的对地电压。

当接地短路电流或雷电流经接地装置流入大地时，引起大地表面产生明显的电位梯度。当运行维护人员进入流散区，手触及带电的设备，如图 4-13 所示，手脚之间的电压就是接触电压（图 4-13 中 U_{tou}）；当两脚不在一起时，两脚之间的电压就是跨步电压（图 4-13 中 U_{step}）。当接触电压和跨步电压较大时，会使人体流过的电流过大，发生危险的触电事故。

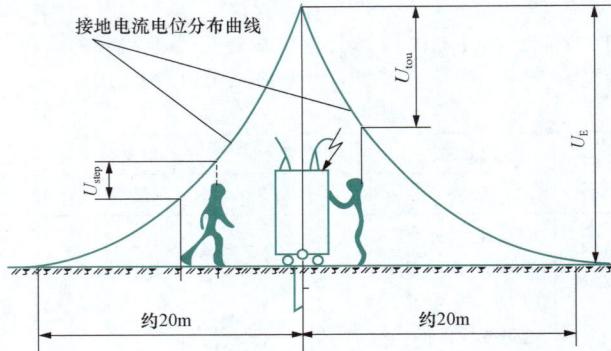

图 4-13　接触电压和跨步电压的示意图

接触电压和跨步电压的大小与系统的电压大小、设备的接地电阻、接地电流的大小、土壤电阻率以及人体的位置等因素有关。入地电流越大，接触电压和跨步电压越大；人体站立位置离电流入地点越远，接触电压越大，跨步电压越小。

为了保证工作人员的安全，在接地装置设计和施工时，应使这两个电压在允许值以下。一般发电厂和变电站内采用布置接地网的方式使电位分布均匀。

2. 接地电阻

接地电阻是表征接地装置功能的一个最重要的电气参数。对于电气设备而言，接地电阻是指设备与接地体之间的连线电阻、接地体电阻、接地体与土壤之间的电阻、大地的溢流电阻之和。不过与最后的溢流电阻相比，前三种电阻要小得多，一般均忽略不计。同一接地装置在工频电流和冲击电流下，将具有不同的电阻值，分别叫作工频接地电阻和冲击接地电阻。

（1）工频接地电阻。工频接地电阻有时也称为稳态接地电阻。工频接地电阻通常采用测量仪器实测得到，对于几何形状比较简单的接地体，其工频接地电阻可以利用近似公式计算。

1）单根垂直接地体。

$$R_e = \frac{\rho}{2\pi l}\ln\left(\frac{8l}{d}-1\right) \quad (\Omega) \tag{4-1}$$

式中　ρ —— 土壤电阻率，$\Omega \cdot m$；

　　　　l —— 接地体长度，m；

　　　　d —— 接地体用圆导体时，圆导体的直径，m。

其中 $l \gg d$。如果接地体不是用钢管制成，可以按下列方法折算成等效的圆钢直径：当采用扁钢时 $d=b/2$，b 是扁钢宽度；当采用等边角钢时，$d=0.84b$，b 是角钢每边宽度。

当单根垂直接地体的接地电阻不能满足要求时，可用多根垂直接地体并联的方法解决，但并联后的接地电阻并不等于 R_e/n。因为各接地体溢散的电流相互之间存在屏蔽影响，会使接地电阻大一些。一般引入一个利用系数 η，对于人工接地体，工频接地电阻的利用系数一般取 0.9。

2）水平接地体。

$$R_e = \frac{\rho}{2\pi L}\left(\ln\frac{L^2}{hd}+A\right) \quad (\Omega) \tag{4-2}$$

式中　ρ —— 土壤电阻率，$\Omega \cdot m$；

　　　　L —— 接地体的总长度，m；

　　　　h —— 接地体埋设深度，m；

　　　　A —— 形状系数，反映各水平接地极之间的屏蔽影响，其取值见表 4-3；

　　　　d —— 接地体直径（当采用扁钢时 $d=b/2$，b 是扁钢宽度），m。

表 4-3　　　　　　　　　　　　　水平接地体的形状系数

水平接地极形状	—	∟	人	○	＋	□	✶	✶	✶	✶
形状系数 A	−0.6	−0.18	0	0.48	0.89	1	2.19	3.03	4.71	5.65

3）接地网。

发电厂与变电站的接地通常是由若干水平钢带和若干根垂直钢管连接在一起组成的人工接地网。接地网的外缘应闭合，外缘各角应做成圆弧形，接地网的埋设深度不宜小于 0.8m。接地网的接地电阻的计算公式比较复杂，计算公式也有多种形式，对于均匀土壤中的接地网也可采用简易公式进行估算：

$$R_e = 0.5\frac{\rho}{\sqrt{S}} \tag{4-3}$$

式中　ρ —— 土壤电阻率，$\Omega \cdot m$；

　　　　S —— 接地网的总面积，m^2。

（2）冲击接地电阻。当接地装置流过冲击电流时，它所呈现的电阻称为冲击接地电阻，并不等于工频接地电阻。

火花效应：雷电流幅值大，就会使地中电流密度增大，因而提高了土壤中的电场强度，在接地体附近尤为显著。当此电场强度超过土壤击穿场强时会发生局部火花放电，使土壤中电导增大，结果使接地装置在冲击电流作用下的接地电阻小于工频电流下的数值。

电感效应：雷电流等值频率高，会使接地体本身呈现明显的电感作用，阻碍电流向接地体远方流动，对于长度较长的接地体这种影响更为显著，结果使接地体得不到充分利用，使冲击接地电阻值大于工频接地电阻值。

冲击系数 α_i：冲击接地电阻与稳态电阻（工频或者直流下的接地电阻）之比称为冲击系数，即 $\alpha_i = R_i / R_e$。冲击系数一般情况小于1，但接地体长度较大时有可能大于1。电感效应和火花效应两个因素影响相对强弱决定了冲击系数的大小。

与工频接地电阻一样，多根垂直接地体并联后由于各接地体溢散电流之间存在屏蔽影响，冲击接地电阻也不等于 R_i / n，而会变大。冲击接地电阻的利用系数 η 一般在 $0.65 \sim 0.9$ 之间。

3. 接地的分类

电气设备的接地是指将电力系统中电气设备、设施应该接地的部分，经接地装置与大地进行良好的电气连接。发电厂和变电站中的电气设备接地按用途来分主要有工作接地、保护接地、防雷接地和防静电接地等。

（1）工作接地：为了保证电力系统正常运行所设的接地，电阻值一般为 $0.5 \sim 10\Omega$。如三相系统的中性点接地，双极直流输电系统的中点接地、电压互感器一次绕组的接地等。

（2）保护接地：为了保护人身和设备安全，将电气设备正常不带电而由于绝缘损坏有可能带电的金属外壳或配电装置的金属构架部分进行接地，电阻值一般为 $1 \sim 10\Omega$。如电压和电流互感器二次绕组的接地，电气设备外露可导电部分的接地。

（3）防雷接地：为了雷电保护装置向大地泄放雷电流而设的接地，电阻值一般为 $1 \sim 30\Omega$。如避雷针、避雷线、避雷器的接地等。

（4）防静电接地：加工、储存、运输各种易燃易爆液体、可燃气体和可燃粉尘的设备和管道积蓄有静电后，静电放电时的火花容易引发火灾和爆炸等事故。为了防止静电对易燃油、天然气储罐和管道等的危险作用而设置的接地。如发电厂中易燃油、可燃油、天然气和氢气等储罐、装卸油台、铁路轨道、管道、鹤管、套筒及油槽车等都应进行防静电接地。

4. 降低接地电阻常用方法

降低接地电阻常用的方法有：接地极附近有土壤电阻率较低的地方，可装设外引式接地体；如地下层土壤电阻率较小（如有地下水等），可用深井式接地；扩大接地网的面积；极特殊情况下可在土壤中加食盐或在接地坑内填入化学降阻剂；利用低土壤电阻率的土壤置换，或用导电性混凝土。如果采取措施后仍然不能满足接地电阻的要求，只能采取加强等电位和铺设碎石地面以保证人身和设备的安全。

【例 4 - 17】 【相关真题】关于防雷接地的表述，正确的是（   ）。

A. 接地电阻主要是溢流电阻

B. 防雷接地的接地电阻一般小于 30Ω

C. 一般情况考虑火花效应，冲击系数小于1

D. 接地装置一般是由接地线和接地体组成

【例 4 - 18】　对于电气设备而言，接地电阻是指（　　　）。

A. 设备与接地装置之间连线的电阻

B. 接地装置与土壤间的电阻

C. 设备与接地体之间的连线电阻、接地体本身电阻和接地体与土壤间电阻及大地的溢流电阻的总和

D. 外加接地电阻

【例 4 - 19】　接地装置的冲击系数一般情况（　　　）。

A. 大于 1　　　　　　　　　　　　B. 小于 1

C. 不可能小于 1　　　　　　　　　D. 与其他因素有关

【例 4 - 20】　工频接地电阻为 R_e 的接地装置受到冲击电流作用时，接地电阻将（　　　）。

A. 增大　　　　　　　　　　　　　B. 减小

C. 不变　　　　　　　　　　　　　D. 可能增大可能减小

4.3　架空输电线路防雷保护

4.3.1　架空线路的雷害发展　A 类考点

由于输电线路很长，地处旷野很容易遭受雷击，因此电力系统的雷害事故多发生在线路上。线路雷害事故引起的跳闸，不但影响系统的正常供电，而且输电线路上落雷，雷电波还会沿线路侵入变电站。

1. 输电线路受雷击的几种情况

以有避雷线的输电线路为例，线路直击雷根据雷击点不同，主要有以下 3 种情况：①雷击塔顶及塔顶附近避雷线（雷击塔顶）；②雷击档距中央的避雷线（雷击避雷线）；③雷击导线（有避雷线时，雷绕过避雷线而击于导线），如图 4 - 14 所示。

2. 线路雷害事故发展过程

线路雷害事故发展过程主要包括雷击线路、绝缘闪络、闪络转化成稳定的工频电弧、线路跳闸供电中断。只要能设法制止上述发展过程中任一环节的实现，就可避免雷击引起长时间停电事故。线路雷害事故发展过程及防护措施如图 4 - 15 所示。

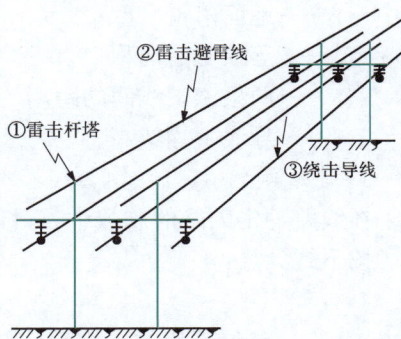

图 4 - 14　输电线路受雷击的几种情况

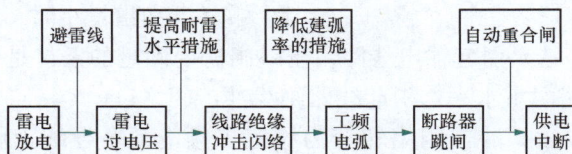

图 4 - 15　线路雷害事故发展过程及防护措施

高电压技术

3. 两个指标

（1）耐雷水平。雷击线路时绝缘尚不至于发生闪络的最大雷电流幅值。耐雷水平（kA）越高，防雷性能越好。表4-4列出了部分电压等级线路的耐雷水平及雷电流超过耐雷水平的出现概率范围。

表4-4　部分电压等级线路耐雷水平

额定电压（kV）	35	110	220	330	500
耐雷水平（kA）	20～30	45～75	75～110	100～150	125～175
雷电流超过 I 的概率（%）	59～46	35～14	14～6	7～2	3.8～1

（2）雷击跳闸率。

定义：雷暴日 $T_d = 40$ 的情况下，每100km的线路每年因雷击而引起的跳闸次数，单位为次/100km·40雷暴日，用字母 n 表示。

实际线路长度 L 不一定是100km，雷暴日数也不一定正好是40，所以必须换算到某一相同条件下（100km，40雷暴日），才能进行比较。

跳闸率越高，耐雷性能越差。但是雷电流超过了线路耐雷水平，只会引起冲击闪络，只有在冲击闪络之后还能建立稳定的工频电弧，才会引起线路跳闸。

4. 线路落雷次数

每100km线路年落雷次数：

$$N = \gamma \times 100 \times \frac{B'}{1000} \times T_d = 0.07 \times \frac{b+4h}{10} \times 40$$

式中　γ——地面落雷密度；

B'——等效受雷面积；

b——两根避雷线间的距离；

h——导线平均架高。

5. 建弧率

在线路冲击闪络的总数中，可能转化为稳定工频电弧的比例称为建弧率，用字母 η 表示。按下式计算：

$$\eta = (4.5E^{0.75} - 14) \times 10^{-12}$$

式中　E——绝缘子串的平均运行电压梯度，kV/m。若 $E \leqslant 6$kV/m，则 $\eta = 0$，线路不会雷击跳闸。

【例4-21】　（多选）线路的防雷性能指标有（　　）。

A. 耐雷水平　　　　　　　　　　B. 雷击跳闸率

C. 雷电活动强度　　　　　　　　D. 雷暴日和雷暴小时

【例4-22】　（多选）引起输电线路雷击跳闸需要满足的条件是（　　）。

A. 雷电流超过线路耐雷水平，引起线路绝缘冲击闪络

B. 短暂雷电波过去后，冲击闪络转变为稳定工频电弧，导线上将产生工频短路电流，造成线路跳闸停电

C. 雷电流不超过线路耐雷水平

D. 冲击闪络不需要转变为稳定工频电弧

4.3.2　输电线路的防雷保护　A 类考点

1. 避雷线的安装要求

少雷区除外的其他地区的 220～750kV 线路，应沿全线架设双地线。

110kV 及以上架空输电线路较重要、较有效的防雷措施：全线架设避雷线。35kV 及以下线路不要求全线架设避雷线，主要依靠消弧线圈及自动重合闸进行防雷保护。

尽管线路全线装设避雷线，并使三相线路处于其保护范围之内，仍然存在绕击雷，一般，山区的绕击率大于平原的绕击率。

【例 4 - 23】　避雷线的保护角为下列哪个值时不合适？（　　）

1. 20　　　　　　　　B. 25　　　　　　　　C. 15　　　　　　　　D. 40

2. 反击

雷击线路接地部分（避雷针、杆塔等）引起绝缘子闪络称为反击或逆闪络，其中雷击塔顶比雷击避雷线严重。

3. 输电线路四道防线及对应措施

针对雷电事故形成的 4 个阶段，现代输电线路在采取防雷保护措施时，要做到"四道防线"，即

（1）防止雷直击导线：避雷线、避雷针，或采用电缆线路。

（2）防止雷击塔顶或避雷线后引起绝缘闪络：降低杆塔接地电阻，在导线下方架设耦合地线等，增大耦合系数、增强线路绝缘、采用线路型避雷器。其中，降低杆塔接地电阻是工程中比较常用的措施。

（3）防止建立稳定的工频电弧：增加绝缘子片、采用不接地或经消弧线圈接地。

（4）防止线路中断供电：自动重合闸、双回路、环网供电，采用不平衡绝缘方式等。

【例 4 - 24】　（多选）输电线路雷害事故的防护措施主要是"四道防线"，下列哪几项属于这四道防线？（　　）

A. 防直击　　　　　　　　　　　　B. 防闪络

C. 防建立稳定工频电弧　　　　　　D. 防中断供电

4. 分流系数

雷击塔顶时，雷电流大部分经过被击杆塔入地，小部分电流则经过避雷线由相邻杆塔入地。避雷线有分流作用，因此流经杆塔的电流 I_t 小于雷电流 i，它们的比值 $\beta = I_t / i$，该比值定义为杆塔的分流系数，一般在 0.86～0.92。表 4 - 5 列出了不同情况下分流系数的取值。

表 4 - 5　　　　　　　　　额定电压、避雷线根数、杆塔分流系数的关系

线路额定电压（kV）	避雷线根数	β
110	1	0.9
	2	0.86
220	1	0.92
	2	0.88
330	2	0.88
500	2	0.88

【例 4 - 25】 雷击杆塔引起的线路绝缘闪络称为(　　)。

A. 击穿　　　　　　B. 反击　　　　　　C. 直击　　　　　　D. 绕击

【例 4 - 26】 【相关真题】(多选) 避雷线的作用是(　　)。

A. 避雷线可以防止雷电直击导线

B. 避雷线有分流作用，可以减小流经杆塔入地的雷电流，从而降低塔顶电位

C. 避雷线对导线的耦合作用可以降低导线上的感应过电压

D. 避雷线的作用原理与避雷针相同，主要用于输电线路保护，以及用于保护发电厂和变电站，近年来国际上都采用其保护 500kV 大型超高压变电站

【例 4 - 27】 (多选) 提高线路耐雷水平的措施有(　　)。

A. 增大耦合系数，如将单避雷线改为双避雷线

B. 增大接地电阻

C. 加强线路绝缘

D. 降低杆塔分流系数

4.4　变电站防雷保护

4.4.1　变电站的雷电来源　B 类考点

1. 变电站雷害事故的特点

(1) 输电线路遭受雷击，只能引起电网工况暂时恶化，而变电站遭受雷击往往引起大面积停电。

(2) 变电站设备的内绝缘，往往低于线路绝缘，而且不具有自恢复功能，一旦被击穿后果非常严重。

因此，变电站的防雷保护与输电线路相比，要求更严格、措施更严密、更可靠。

2. 变电站过电压来源

笔记

【例 4 - 28】 (　　)能使变电站中出现雷电过电压。

A. 操作断路器

B. 沿着避雷线入侵的雷电过电压波

C. 沿着输电线路导线入侵的雷电过电压波

D. 调整变压器变比

【例 4 - 29】 【相关真题】直击雷是发电厂、变电站遭受雷击的主要原因(　　)。

A. 正确　　　　　　　　　　　　B. 错误

4.4.2　变电站直击雷的防护　A 类考点

1. 避雷针安装方式

（1）35kV 及以下配电装置，应装设独立避雷针。

（2）60kV 的配电装置，在大地电阻率 $\rho \leqslant 500\Omega \cdot m$ 的地区允许采用构架避雷针，而在 $\rho > 500\Omega \cdot m$ 的地区宜采用独立避雷针。

（3）110kV 及以上配电装置，在土壤电阻率 $\rho \leqslant 1000\Omega \cdot m$ 时，不易反击，允许装设构架避雷针。

为了保证主变压器的安全，在主变压器的门型构架上不装设避雷针。发电厂厂房一般不装设避雷针，以免发生感应或反击使继电保护误动作，甚至造成绝缘损坏。

2. 独立避雷针空气间距及地下间距要求

如图 4-16 所示，当雷击避雷针时，雷电流经过避雷针及接地体流入大地，从而导致避雷针对地电位升高。

空气间距 $S_1 \geqslant 0.2R_i + 0.1h$，一般取 $S_1 \geqslant 5m$；

地下间距 $S_2 \geqslant 0.3R_i$，一般 $S_2 \geqslant 3m$。

安装避雷针的构架应敷设辅助接地体，此接地体与主接地网的地下连接点至主变压器接地线与主接地网的地下连接点，沿接地体的距离大于 15m。

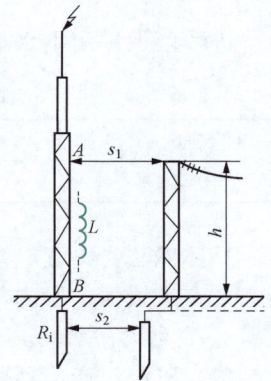

图 4-16　独立避雷针空气间距及地下间距要求

4.4.3　变电站对沿线入侵的雷电行波的防护　A 类考点

1. 安装避雷器

变电站一般采用阀式避雷器防止入侵雷电过电压波。

（1）保护条件。①阀式避雷器与被保护绝缘伏秒特性良好配合，前者低于后者；②阀式避雷器的残压低于被保护绝缘的冲击电气强度；③被保护绝缘处于该避雷器保护范围之内。

（2）阀式避雷器到变压器的最大允许距离。

$$l_m = (u_j - u_R)/(2\alpha/v) \qquad (4-4)$$

式中　u_j——多次截波耐压值；

　　　u_R——避雷器残压；

　　　α——陡度；

　　　v——波速。

若以空间陡度 α'（kV/m）计算，式（4-1）可改写成：

$$l_m = (u_j - u_R)/2\alpha' \qquad (4-5)$$

由式（4-4）和式（4-5）可知：

1）最大允许距离随变压器多次截波耐压值 u_j 与避雷器残压 u_R 的差值增大而增大。电压差值越大，被保护绝缘与避雷器间允许的电气距离就越大。

2）变电站中变压器到避雷器的最大允许电气距离与侵入波陡度成反比，容许最大进波陡度 α 越大，最大允许距离越小。

3）由于母线、连接线等都有某些杂散电感和电容，它们与绝缘的电容将构成某种振荡回路，其结果是使得绝缘上出现的电压波形由一个非周期与一衰减性振荡分量组成。这种波形与冲击全波的差别很大，而更接近于冲击截波。

因此，对于变压器类电力设备来说，往往采用截波冲击耐压值作为绝缘冲击耐压水平。

2. 变电站进线段保护

在靠近变电站的一段进线（1～2km）上，加强防雷措施，使其耐雷水平高于线路其他部分，减小进线段绕击和反击形成侵入波的概率，使侵入变电站的雷电波主要来自进线段之外。

进线段保护耐雷水平如表 4-6 所示。

表 4-6   进线段保护耐雷水平

额定电压（kV）	35	66	110	220	330	500
耐雷水平	30	60	75	110	150	175

具体做法：①变电站进线段如果没有避雷线，变电站 1～2km 的进线段上必须装设避雷线；②在进线保护段内，避雷线的保护角不宜超过 20°；③提高进线段的耐雷水平。

3. 变电站防雷的具体问题

（1）三绕组变压器的防雷保护。三绕组变压器在正常运行时，可能有高、中压绕组运行，低压绕组开路的情况。此时，若线路有入侵波传来雷电波作用在高压侧或中压侧时，由于低压绕组的对地电容很小，开路的低压绕组上的静电耦合分量可能达到很高的数值，危及低压绕组。由于静电分量使低压绕组三相电位同时升高，因此为了限制这种过电压，只要在任一相低压绕组出线端对地加装一台避雷器即可。如果低压绕组连接有 25m 及以上的金属铠装电缆段，则增加了低压侧的对地电容，限制了过电压，此时低压侧可不装避雷器。

（2）自耦变压器的防雷保护。自耦变压器的防雷保护接线如图 4-17 所示。

1）高压侧进波时，应在中压断路器 QF2 的内侧装设一组阀式避雷器（见图 4-17 中的 FV2）进行保护。

2）中压侧进波时，在高压断路器 QF1 的内侧也应装设一组避雷器（见图 4-17 中的 FV1）进行保护。

3）当中压侧接有出线时，还应在 AA' 之间再跨接一组避雷器（见图 4-17 中的 FV3）。

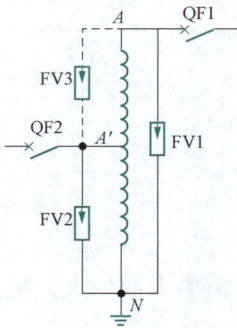

图 4-17 自耦变压器
典型保护接线

（3）变压器中性点保护。

1）对于 35～60kV 中性点不接地或谐振接地的变压器，其中性点为全绝缘，即中性点绝缘水平等于绕组相线端绝缘水平，一般不需要保护。

2）对于 110kV 及以上中性点有效接地系统，部分变压器中性点不接地且为分级绝缘的，需采用与中性点绝缘等级相同的避雷器进行保护。

4. 旋转电机防雷保护特点

旋转电机主要包括发电机、调相机、大型电动机等。旋转电机的防雷保护比变压器困难得多，其雷害事故率也往往大于变压器，这是由它的绝缘结构、运行条件等方面的特殊性所造成的。

（1）在同一电压等级的电气设备中，以旋转电机的冲击电气强度为最低，这是因为：

1）电机具有高速旋转的转子，因此电机只能采用固体介质，而不能像变压器那样可以采用固体—液体介质组合绝缘。因而电机的额定电压、绝缘水平都不可能太高。

2）在制造过程中，电机绝缘容易受到损伤，绝缘内易出现空洞或缝隙，在运行过程中容易发生局部放电，导致绝缘劣化。

3）绝缘易老化，电机绝缘的运行条件较为残酷，要受到热、机械振动、空气中的潮气、污秽、电气应力等因素的联合作用，老化较快。

4）绝缘水平最低电机绝缘结构的电场比较均匀，其冲击系数接近于 1，因而在雷电过电压下的电气强度是最薄弱的一环。

（2）磁吹避雷器与电机绝缘水平的配合裕度很小，电机绝缘的冲击耐压水平与保护它的避雷器的保护水平相差不多、裕度很小。即使采用现代 ZnO 避雷器后，情况有所改善，但仍不够可靠，还必须有电容器组、电抗器、电缆段等措施的配合使用，才达到保护要求。

（3）对侵入波陡度有限制，发电机绕组的匝间电容很小和不连续，迫使过电压波进入电机绕组后只能沿着绕组导体传播，而它每匝绕组的长度又比变压器绕组大，因而匝间过电压较大。所以为了保护好电机的匝间绝缘，必须严格限制进波陡度。

5. 旋转电机防雷保护措施及接线

（1）从防雷的观点来看，发电机可分为以下两大类：①经过变压器再接到架空线上的电机，简称非直配电机。②直接与架空线相连（包括经过电缆段、电抗器等元件与架空线相连）的电机，简称直配电机。

非直配电机所受到的过电压均须经过变压器绕组之间的静电和电磁传递。只要把变压器保护好了，不必对发电机再采取专门的保护措施。但对于在多雷区的经升压变压器送电的大型发电机，仍宜装设一组氧化锌避雷器加以保护。

直配发电机的防雷保护是电力系统防雷中的一大难题。因为这时过电压波直接从线路入侵，幅值大、陡度也大。

（2）典型直配电机的防雷保护接线。我国标准《交流电气装置的过电压保护和绝缘配合设计规范》（GBT 50064—2014）推荐的 25～60MW 直配电机的防雷保护接线如图 4-18 所示。各种措施、各个元件的作用简要介绍如下：

1）发电机母线上装设 ZnO 避雷器（MOA2），限制侵入波幅值。

2）在发电机母线上装设一组并联电容器（C），限制进波陡度和降低感应雷击过电压。

3）限制工频短路电流的电抗器，也能发挥降低进波陡度和减小流过 MOA2 的冲击电流的作用。

4）采用进线保护，一般采用电缆段和避雷器（MOA1）配合。进线段电缆宜直接埋在土壤中，以充分利用其金属外皮的分流作用；当进线段电缆未直接埋设时，可将电缆金属外皮多点接地。进线段上避雷器的接地端，应与电缆的金属外皮和地线连在一起接地，接地电阻不应大于 3Ω。

5）发电机中性点有引出线时，中性点应加装避雷器（MOA3）保护；如中性点未引出，则每相母线的并联电容应增加至 1.5～2μF，电容器宜有短路保护。

即使采用了上述严密的保护措施，仍然不能确保直配电机绝缘的绝对安全，因此《交流电气装置的过电压保护和绝缘配合设计规范》（GBT 50064—2014）规定 60MW 以上的发电

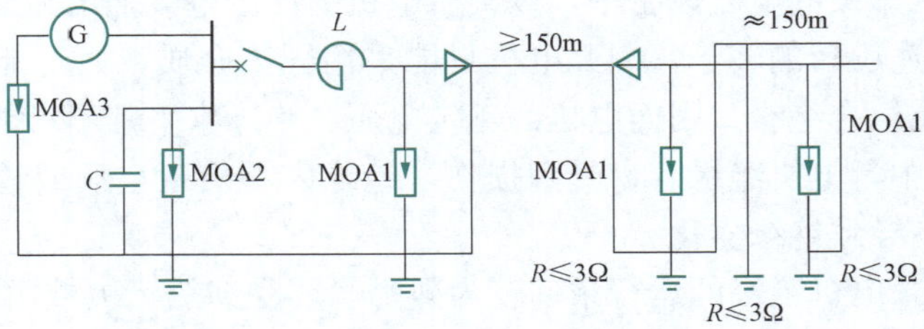

图 4 - 18　25～60MW 直配发电机的防雷保护接线

机不能与架空线路直接连接，即不能以直配电机的方式运行。

6. GIS 组合电器

（1）GIS 主要组成单元。GIS 是指 SF_6 封闭式组合电器，国际上称为气体绝缘开关设备。

如图 4 - 19 所示，GIS 将一座变电站中除变压器以外的一次设备，包括断路器、隔离开关、接地开关、电压互感器、电流互感器、避雷器、母线、电缆终端、进出线套管等，经优化设计有机地组合成一个整体。

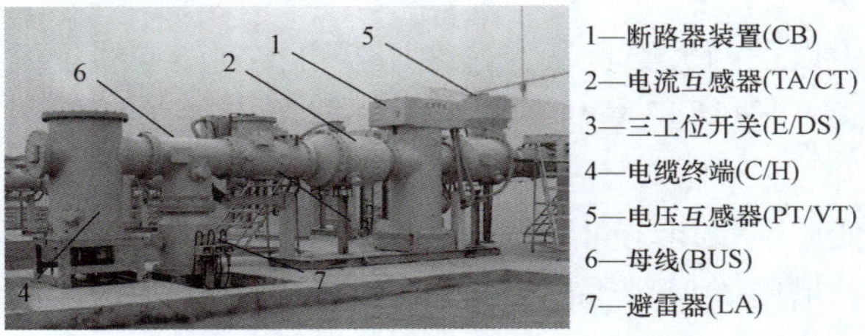

1—断路器装置（CB）
2—电流互感器（TA/CT）
3—三工位开关（E/DS）
4—电缆终端（C/H）
5—电压互感器（PT/VT）
6—母线（BUS）
7—避雷器（LA）

图 4 - 19　GIS 主要组成单元

（2）GIS 的特点。

1）GIS 绝缘伏秒性能平坦，冲击系数接近 1。

2）结构紧凑，避雷器离电气设备距离较近。

3）波阻抗较架空线路小，一般为 60～100Ω，来自输电线路的入侵波幅值将降低。

4）多为稍不均匀电场，一旦出现电晕立即被击穿，且绝缘不易恢复，需要防雷措施更可靠，在绝缘配合中应多留有足够的裕度。

5）水分对 GIS 电气强度的影响非常大。

水分对 GIS 性能的影响主要表现在以下两方面：①开关开断性能影响：水分的存在会使 SF_6 减弱吸附电子的能力，阻碍了开关断口间介质强度的恢复；②腐蚀设备零部件：SF_6 在高温条件下被水分分解为 H_2SO_4 和 HF 等酸性物质，可对 GIS 的某些绝缘体金属件产生腐蚀作用。

【例 4 - 30】　独立避雷针接地装置和被保护设备接地装置之间的间距一般要求至少（　　）m。

A. 5　　　　　　　B. 3　　　　　　　C. 1　　　　　　　D. 10

【例 4 - 31】　（多选）避雷器能够保护设备必须满足（　　）。

A. 它的伏秒特性与被保护绝缘的伏秒特性有良好的配合

B. 它的伏安特性应保证其残压低于被保护绝缘的冲击电气强度

C. 被保护绝缘必须处于该避雷器的保护距离之内

D. 被保护绝缘可以离避雷器任意远

【例 4 - 32】　（多选）在发电厂和变电站中，对直击雷的保护通常采用（　　）。

A. 避雷针　　　　　　B. 避雷线　　　　　C. 并联电容器　　　D. 接地装置

【例 4-33】 不允许将避雷针装在配电构架上的变电站电压等级为(　　)。

A. 500kV　　　　　　B. 220kV　　　　　C. 110kV　　　　　D. 35kV

【例 4-34】 60kV 的配电装置，在大地电阻率为 $700\Omega \cdot m$ 的地区一般采用(　　)。

A. 将避雷针装在构架上　　　　　　B. 安装独立避雷针

C. 安装独立避雷线　　　　　　　　D. 安装接地线

【例 4-35】 (多选)下列关于变电站进线段保护的叙述中，正确的是(　　)。

A. 变电站进线段保护可以限制流经避雷器的雷电流

B. 变电站进线段保护可以限制入侵波的陡度

C. 35kV 及以上变电站进线段保护长度一般为 1~2km

D. 110kV 进线段保护耐雷水平应该是 110kA

习题

(1) 雷电放电过程和(　　)的火花放电现象很相似。

A. 超长气隙均匀电场　　　　　　　B. 短气隙稍不均匀电场

C. 超长气隙极不均匀电场　　　　　D. 短气隙均匀电场

(2) 评价一个地区雷电活动的频度，通常以(　　)表示。

A. 雷击跳闸率　　　　　　　　　　B. 耐雷水平

C. 雷电活动频度　　　　　　　　　D. 雷暴日和雷暴小时

(3) 雷暴日 T_d 是指该地区平均(　　)有雷电放电的平均天数。

A. 一个月内　　　B. 一个季度　　　C. 半年内　　　D. 一年内

(4) 一般情况下，防雷保护都取(　　)进行研究分析。

A. 正极性雷电流　　　　　　　　　B. 负极性雷电流

C. 有时正极性，有时负极性　　　　D. 正负极性都可以

(5) 相邻导线间耦合电压的极性(　　)。

A. 相同

B. 相反

C. 有时相同，有时相反　　　　　　D. 无法确定

(6) 感应雷击过电压的极性一定与雷云的极性(　　)。

A. 相同　　　　　　　　　　　　　B. 相反

C. 有时相同，有时相反　　　　　　D. 无法确定

(7) (多选)下列关于雷暴日的说法，正确的是(　　)。

A. 雷暴日是指该地区平均一年内有雷电放电的总天数

B. 雷暴日与该地区所在纬度、当地气象条件、地形地貌无关

C. 若该地区的雷暴日为 45 天，则该地区为多雷区

D. 若该地区的雷暴日为 60 天，则该地区为强雷区

(8) 110kV 的输电线路应有的耐雷水平为(　　)kA。

A. 30　　　　　　　B. 40　　　　　　C. 50　　　　　　D. 90

(9) 不属于输电线路的防雷措施的是(　　)。

A. 采用平衡绝缘方式　　　　　　　B. 装设自动重合闸装置

C. 装设管型避雷器　　　　　　　　　　D. 架设耦合地线

（10）在冲击闪络之后还要建立起（　　　）才会引起线路跳闸。

A. 工频电弧　　　　B. 冲击电弧　　　　C. 电晕电弧　　　　D. 电击电弧

（11）雷击输电线路的接地部分（如避雷针、杆塔等）而引起的绝缘子串闪络，称为（　　　）。

A. 绕击　　　　　　B. 反击　　　　　　C. 闪击　　　　　　D. 电晕闪击

（12）某变电站的避雷针架设高度为 20m，则该避雷针在高度为 8m 时的保护半径是（　　　）。

A. 12m　　　　　　B. 14m　　　　　　C. 16m　　　　　　D. 18m

（13）当雷云放电接近地面时它使地面电场发生畸变，在避雷针的顶端，形成局部电场强度集中的空间，以影响雷电（　　　）的发展方向，引导雷电向避雷针放电，再通过接地引下线和接地装置将雷电流入大地，从而使被保护物体免遭雷击。

A. 流注放电　　　　B. 先导放电　　　　C. 主放电　　　　　D. 余晖放电

（14）（多选）表示一条线路的耐雷性能和采用防雷措施的效果，通常采用的指标有（　　　）。

A. 耐雷水平　　　　　　　　　　　　　B. 雷击跳闸率

C. 雷电活动频度　　　　　　　　　　　D. 雷暴日

（15）（多选）输电线路防雷的措施有（　　　）。

A. 防止雷直击导线：沿线架设避雷线，有时还要装避雷针与其配合

B. 防止雷击塔顶或避雷线后引起绝缘闪络：降低杆塔的接地电阻，增大耦合系数，适当加强线路绝缘，在个别杆塔上采用避雷器等

C. 防止雷击闪络后转化为稳定的工频电弧：适当增加绝缘子片数，减少绝缘子串上工频电场强度，电网中采用不接地或经消弧线圈接地方式

D. 防止线路中断供电：采用自动重合闸，或双回路、环网供电等措施

（16）就其本质而言，雷电放电是一种超长气隙的火花放电。（　　　）

A. 正确　　　　　　　　　　　　　　　B. 错误

（17）若母线上接有避雷器，对母线进行耐压试验时，必须将避雷器退出。（　　　）

A. 正确　　　　　　　　　　　　　　　B. 错误

（18）接地电阻是接地导体的电阻，所以与土壤电阻率及接地体形状无关。（　　　）

A. 正确　　　　　　　　　　　　　　　B. 错误

（19）我国 110kV 及以上线路一般（　　　）。

A. 进线部分安装避雷线　　　　　　　　B. 全线都装设避雷线

C. 不安装避雷线　　　　　　　　　　　D. 部分重雷区安装避雷线

（20）我国 35kV 及以下线路一般（　　　）。

A. 安装双避雷线　　　　　　　　　　　B. 全线都装设避雷线

C. 不全线安装避雷线　　　　　　　　　D. 不能安装避雷线

（21）接地装置的冲击系数一般情况下（　　　）。

A. 大于 1　　　　　　　　　　　　　　B. 小于 1

C. 无法确定　　　　　　　　　　　　　D. 与其他因素有关

（22）如果考虑电感效应，工频接地电阻为 R_e 的接地装置受到冲击电流作用时，接地电阻将（　　）。

A. 增大

B. 减小

C. 不变

D. 可能增大，也可能减小

（23）60kV 的配电装置，在土壤电阻率大于 $500\Omega \cdot m$ 的地区一般（　　）。

A. 将避雷针装在构架上

B. 安装独立避雷针

C. 安装独立避雷线

D. 安装接地线

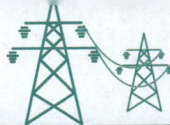

第5章

电力系统内部过电压及其防护

电力系统过电压是指超过系统最高运行电压对绝缘有危害的电压升高。一般按照过电压的产生原因可将其分为以下两类。

（1）外部过电压。由外部因素（雷击等）作用于电力系统引起的过电压，也称为大气过电压或雷电过电压。

（2）内部过电压。产生过电压的根源在电力系统内部，通常是因系统内部电磁能量的积聚和转换而引起的，分为暂时过电压和操作过电压。

由于引起内部过电压的电磁能量来自电力系统内部，所以称为内部过电压，它的产生根源在电力系统内部，大小由系统参数决定。

内部过电压的分类：

笔记

工程上内部过电压的大小用工作电压倍数（标幺值 1.0p.u.）来表示：

（1）操作过电压基准值通常取电网的最大工作相电压幅值。

$$1.0 \text{p.u.} = \sqrt{2}\,U_m/\sqrt{3} = k\sqrt{2}\,U_n/\sqrt{3}$$

（2）工频过电压基准值通常取电网的最大工作相电压有效值，即

$$1.0 \text{p.u.} = U_m/\sqrt{3} = kU_n/\sqrt{3}$$

式中　U_n——系统标称（线）电压有效值，kV；

　　　k——允许电压偏移系数＝系统最大工作电压 U_m/系统标称电压 U_n。

一般 220kV 及以下取 1.15，330kV 及以上取 1.1，其中，750kV 系统的最高运行电压是 800kV。

【例 5-1】　电力系统内部过电压分析中允许电压偏移系数＝系统的最大工作电压/系统标称电压，500kV 对应的允许电压偏移系数具体数值为（　　）。

A. 1.1　　　　　　　B. 1.15　　　　　　　C. 0.9　　　　　　　D. 1.05

【例 5-2】　发电机突然甩负荷引起的过电压属于（　　）。

A. 操作过电压　　　　　　　　　　B. 谐振过电压

C. 外部过电压　　　　　　　　　　D. 工频过电压（暂时过电压）

【例 5-3】　内部过电压的能量来源于系统本身，当过电压倍数一定时，其幅值与系统标称电压成（　　）。

A. 正比　　　　　　　　　　　　　B. 反比

C. 有时正比，有时反比　　　　　　　D. 两者关系不确定

【例 5 - 4】 操作过电压的持续时间一般在（　　）。

A. 几毫秒至几十毫秒　　　　　　　　B. 几秒到几十秒

C. 几微秒到几十微秒　　　　　　　　D. 几分钟

【例 5 - 5】 【相关真题】过电压指的是（　　）。

A. 电力系统中出现的对绝缘有危险的电压升高和电位差升高

B. 与正常工作电压相差不大的电压

C. 对电力系统安全运行没有影响的电压

D. 以上说法都不对

【例 5 - 6】 （多选）关于电力系统操作过电压，说法正确的是（　　）。

A. 在电力系统内部，由于断路器的操作或发生故障，使系统参数发生变化，引起电网
电磁能量的转化或传递，在系统中出现的过电压

B. 即电磁暂态过程中的过电压，一般持续时间在 0.1s（5 个工频周波，持续时间一般
以 ms 计）以内的过电压

C. 持续时间一般数十秒

D. 频率比正常工作电压低

【例 5 - 7】 （多选）电力系统内部过电压可以分为（　　）。

A. 直击雷过电压　　　　　　　　　　B. 感应雷过电压

C. 暂时过电压　　　　　　　　　　　D. 操作过电压

【例 5 - 8】 电力系统产生操作过电压的根本原因是（　　）。

A. 操作不当　　　　　　　　　　　　B. 高电阻的作用

C. 电磁能量振荡　　　　　　　　　　D. 中性的接地方式的影响

5.1　切断空载线路过电压

5.1.1　空载线路分闸过电压产生原因及特点　A 类考点

若使用的断路器的灭弧能力不够强，以致电弧在触头间重燃时，切除空载线路的过电压
事故就比较多，因此，断路器触头间的电弧重燃是产生这种过电压的根本原因。

切除空载线路是电网中常见的操作，这时引起的操作过电压幅值大，持续时间也较长，
所以是按操作过电压选择绝缘水平的重要因素。

如果断路器断口处介质强度恢复很快，电弧从此熄灭，分闸过程结束，不会产生过电
压，否则可能重燃。下面试用分布参数等值电路和行波理论来分析。

设被切除的空载线路的长度为 l，波阻抗为 Z，电源容量足够大，工作相电压 u 的幅值
为 U_φ。如图 5 - 1（a）所示，当断路器 QF 闭合时，流过的电流将是空载线路的充电（电
容）电流 i_C，它比电压 u 超前 90°，如图 5 - 1（b）所示。

当断路器在任何瞬间分闸时，其触头间的电弧总是要到电流过零点附近才能熄灭，这时
电源电压正好处于幅值（$+U_\varphi$ 或 $-U_\varphi$）附近。触头间的电弧熄灭后，线路对地电容上将保
留一定的剩余电荷，如忽略泄漏，导线对地电压将保持等于电源电压的幅值（$+U_\varphi$ 或

(a) 切除空载线路示意图

(b) 电压电流波形

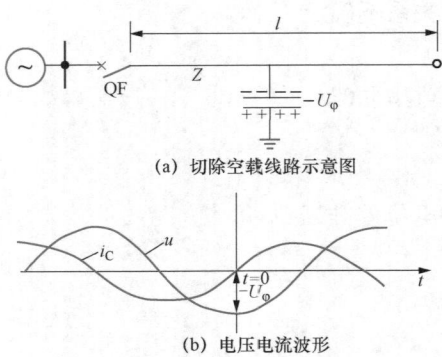

图 5-1　空载线路上的电压与电流

$-U_\varphi$)。

设第一次熄弧（取这一瞬间为时间起点 $t=0$）发生在 $u=-U_\varphi$ 的瞬间，因而熄弧后全线对地电压将保持 $-U_\varphi$ 值，如图 5-2（a）所示，此时全线均无电流（$i=0$）。当 $t=T/2$（T 为正弦电源电压的周期）时，电源电压已变为 $+U_\varphi$，因而作用在触头间的电位差将达到 $2U_\varphi$，虽然触头间隙的电气强度在这段时间内已有所恢复，但仍有可能在这一电位差下被击穿而出现电弧重燃现象，这样一来，线路又与电源连了起来，其对地电压将由 $-U_\varphi$ 变成此时的电源电压 $+U_\varphi$，这相当于一个幅值为 $+2U_\varphi$ 的电压波和相应的电流波 i（$i=2U_\varphi/Z$）从线路首端向末端传播，所到之处电压将变为 $+U_\varphi$，电流将由零变为 $2U_\varphi/Z$，如图 5-2（b）所示。

当上述幅值为 $+2U_\varphi$ 的电压波传到线路的开路末端时，将发生全反射造成 $+3U_\varphi$ 的对地电压，如图 5-2（c）所示。当这个反射波到达线路首端时，触头间的电流将反向，因而必然有一过零点，电弧再次熄灭。

熄弧后，线路再次与电源分离而保持 $+3U_\varphi$ 的对地电压，而电源电压仍按正弦规律变化，当电源电压变化为 $-U_\varphi$ 时，作用在触头间的电位差增大 $4U_\varphi$，有可能电弧再次重燃，就相当于一个幅值等于 $-4U_\varphi$ 的电压波由线路首端向末端传播，如图 5-2（d）所示，如此发展下去，切空线时电压沿线分布的变化将如图 5-2（e）所示。

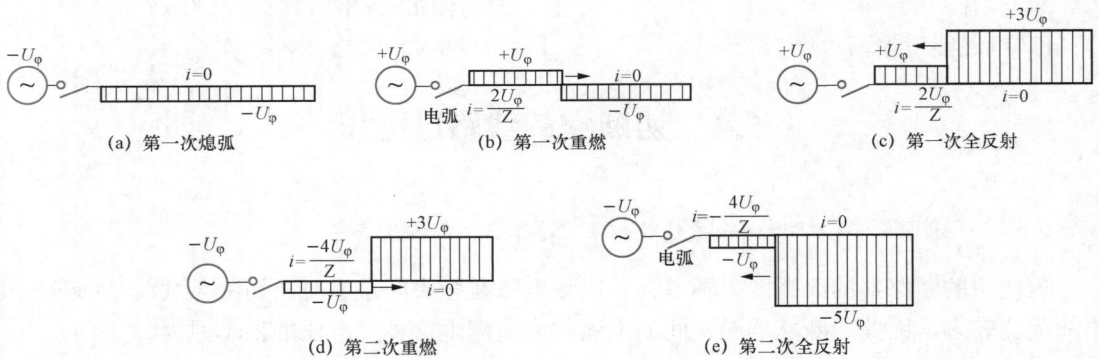

(a) 第一次熄弧

(b) 第一次重燃

(c) 第一次全反射

(d) 第二次重燃

(e) 第二次全反射

图 5-2　切断空载线路时电压分布图

若电弧继续重燃下去，则可能出现 $-7E_m$、$+9E_m$……的过电压，上面是一种理想化的分析，是最严重的情况，它有助于我们了解此类过电压产生的机理。系统实测结果表明，超过 $3E_m$ 的过电压概率是很小的。

5.1.2　影响切断空载电路过电压的因素　A 类考点

以上分析都是按照最严重的条件进行的，实际上电弧的重燃不一定要等到电源电压达到异极性半波的幅值时才发生，重燃的电弧也不一定在高频电流首次过零时就立即熄灭，线路上的电晕放电、泄漏电导等也会使过电压的最大值有所降低，除了这些因素外，还有以下几个因素会影响这种过电压的最大值。

1. 断路器的性能

断路器灭弧能力越差，重燃次数越多，切断空载线路过电压越严重。采用灭弧性能优异的现代断路器，可以防止或减少电弧重燃的次数，使这种过电压最大值降低。

2. 母线上的出线数

当母线上有多回路出线时，只切除其中的一路，这种过电压将较小，是由于电弧重燃时残余电荷迅速重新分配，改变了电压的起始值，因而降低了过电压。

3. 在断路器外侧是否有电磁式电压互感器等设备

它们的存在易于使线路上的残余电荷有了附加的泄放路径，因而能降低这种过电压。

4. 中性点接地方式

中性点非有效接地系统的中性点电位有可能发生偏移，会使某一相过电压显著增高，一般，它比中性点直接接地时过电压要高 20％左右。

5.1.3　限制切断空载线路过电压的措施　B 类考点

1. 改进断路器性能

选用灭弧能力强（不重燃）的快速断路器。如压缩空气断路器、压油活塞的少油断路器及 SF_6 断路器。

切除电容负载时产生过电压的根本原因是断路器的重燃，改进断路器结构，提高触头间介质强度的恢复速度，避免重燃，可从根本上消除这种过电压。

2. 加装并联分闸电阻（中值电阻 $1000\sim3000\Omega$）

为了说明它的作用原理，可利用图 5-3 进行说明。

在切断空载线路时，应先断开主触头 Q1，将 R 串入回路：一是泄放残余电荷；二是主触头的电压就是电阻两端的电压，为了降低触头间的电压，希望 R 值小；经 $1.5\sim2$ 个周期，再断开辅助触头 Q2，此过程希望 R 大，电阻上压降大，恢复电压小，不容易重燃。综合以上两方面，并考虑电阻的热容量，分闸电阻值一般取 $1000\sim3000\Omega$。

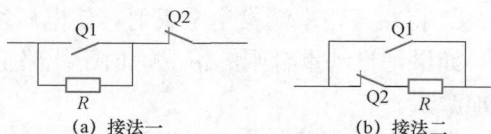

图 5-3　并联分闸电阻的接法

3. 线路首末端装设避雷器

要求在断路器并联电阻失灵或其他意外情况出现较高幅值的过电压时应能可靠动作，将过电压限制在允许范围内。操作过电压作用下避雷器可能多次动作，对阀片及间隙的要求苛刻。

【例 5-9】（多选）切断空载线路过电压的影响因素有（　　）。

A. 断路器的性能

B. 中性点接地方式

C. 母线上的出线数

D. 在断路器外侧装有电磁式电压互感器等设备

【例 5-10】以下几种方法中在抑制切空载线路过电压时相对较为有效的是（　　）。

A. 采用多油断路器　　　　　　　B. 采用中性点绝缘系统

C. 采用 SF$_6$ 断路器 D. 中性点经消弧线圈接地

【例 5 - 11】 切除空载线路时产生过电压的根本原因是(   )。

A. 断路器触头的电弧重燃 B. 系统阻尼大

C. 接地电阻比较大 D. 具有残留电压

【例 5 - 12】 (多选)限制切断空载线路过电压的措施有(   )。

A. 改进断路器性能 B. 加装并联电阻

C. 线路首末端装设避雷器 D. 串联电阻

5.2　空载线路合闸过电压

5.2.1　空载线路合闸过电压产生和发展　A 类考点

1. 空载线路合闸分为：

> 笔记

正常合闸时，最不利的情况，电源电压正好经过幅值 U_φ 时合闸，沿线传播到末端的电压波 U_φ 将在开路末端发生全反射，使电压增大为 $2U_\varphi$。

如果是自动重合闸的情况，由于线路上有一定的残余电荷和初始电压，重合闸时振荡将更加激烈。

在合闸过电压中，以三相重合闸的情况较为严重，其过电压理论幅值可达 $3U_\varphi$。

2. 发展过程分析

下面用集中参数等值电路和暂态计算的方法来分析。

在正常合闸时，若断路器的三相完全同步动作，则可按单相电路进行分相研究，可得到图 5 - 4（a）所示的等值电路。在作定性分析时，还可忽略电源和线路电阻的作用，这样就可以进一步简化成图 5 - 4（b）所示的简单振荡回路。

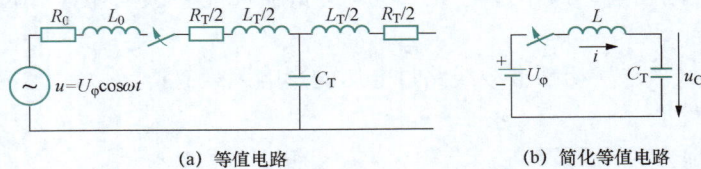

(a) 等值电路　(b) 简化等值电路

图 5 - 4　合空线过电压时的集中参数等值电路

图 5 - 4（b）的回路方程：

$$L\,\frac{\mathrm{d}i}{\mathrm{d}t}+u_C = u(t)$$

考虑最不利情况，即在电源电压正好经过幅值U_φ时合闸，可以得到：

$$u_C = U_\varphi + A\sin\omega_0 t + B\cos\omega_0 t$$

式中　ω_0——振荡回路的自振角频率；

　　A、B——积分常数。

当$t = \pi/\omega_0$时，u_C达到其最大值，即$U_C = 2U_\varphi$。实际上，回路存在电阻与能量损耗，振荡将是衰减的，通常以衰减系数δ来表示。

其波形如图 5-5（a）所示，u_C的最大值U_C将略小于$2U_\varphi$。

实际上，电源电压并非直流电压U_φ，而是工频交流电压$u(t)$，这时的$u_C(t)$表达式将为

$$u_C = U_\varphi(\cos\omega t - \mathrm{e}^{-\delta t}\cos\omega_0 t)$$

其波形如图 5-5（b）所示。

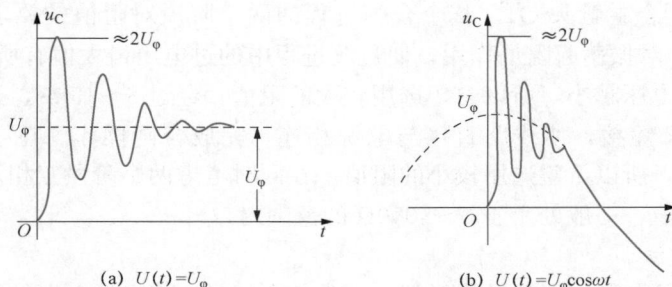

(a)　$U(t)=U_\varphi$　　　　　　(b)　$U(t)=U_\varphi\cos\omega t$

图 5-5　合闸过电压的波形

自动重合闸过电压的波形如图 5-6 所示。

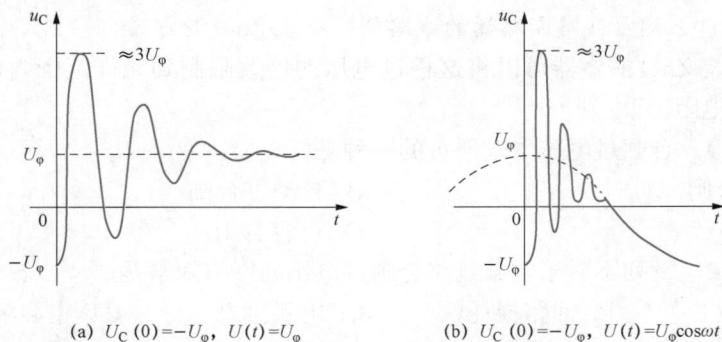

(a)　$U_C(0)=-U_\varphi$，$U(t)=U_\varphi$　　　　(b)　$U_C(0)=-U_\varphi$，$U(t)=U_\varphi\cos\omega t$

图 5-6　自动重合闸过电压的波形

如果按分布参数等值电路中的波过程来处理，设合闸也发生在电源电压等于幅值U_φ的瞬间，且忽略电阻与能量损耗，则沿线传播到末端的电压波U_φ将在开路末端发生全反射，使电压增大为$2U_\varphi$，这与按集中参数等值电路计算的结果是一致的。

在现代的超高压和特高压输电系统中，针对空载线路合闸过电压很难找到限制保护措施，所以合闸过电压在超高压系统的绝缘配合中上升为主要矛盾，成为选择超高压系统绝缘水平的决定性因素。

5.2.2 影响合闸空载电路过电压的因素 B类考点

1. 合闸相位

如果合闸不是在电源电压接近幅值时发生，则出现合闸过电压概率低。

2. 线路损耗

电阻损耗及电晕损耗，线路损耗减弱振荡，降低过电压。

3. 线路残余电压的变化

自动重合闸之前导线上的残余电荷通过电磁式电压互感器会有助于泄放。

5.2.3 限制合闸空载线路过电压的措施 A类考点

1. 装设并联合闸电阻（低值电阻400～1000Ω）

它是限制这种过电压最有效的措施。并联合闸电阻的接法如图5-3所示，合闸时应先合辅助触头Q2，后合主触头Q1。整个合闸过程的两个阶段对阻值的要求是不同的：在合Q2的第一阶段，R对振荡起阻尼作用，使过渡过程中的过电压最大值有所降低，R值越大、阻尼作用越大、过电压越小，所以希望选用较大的阻值；经过8～15ms，开始合闸的第二阶段，Q1闭合，将R短接，使线路直接与电源相连，完成合闸操作。在第二阶段，R值越大，过电压也越大，所以希望选用较小的阻值。在同时考虑两个阶段互相矛盾的要求后，可找出一个适中的阻值，一般处于400～1000Ω的范围内。

2. 控制合闸相位

通过电子装置控制断路器的动作时间，在各相合闸时，将电源电压的相位角控制在一定范围内，以达到降低过电压的目的。例如，同电位合闸就是自动选择在断路器触头两端的电位极性相同时，甚至电位也相等的瞬间完成合闸操作，以降低甚至消除合闸和重合闸过电压。

3. 在线路首、末端（线路断路器的线路侧）安装ZnO避雷器

如果采用安装ZnO避雷器可以将这种过电压的倍数限制到允许范围内，可不必再在断路器中安装合闸电阻。

【例5-13】 合闸过电压中较严重的一种是（　　）。

A. 断路器合闸　　　　　　　　　　B. 自动重合闸
C. 电阻合闸　　　　　　　　　　　D. 电容合闸

【例5-14】 下列不属于空载线路合闸过电压的影响因素是（　　）。

A. 合闸相位　　　B. 回路损耗　　　C. 电弧重燃　　　D. 电容效应

【例5-15】 （多选）空载线路合闸过电压的影响因素有（　　）。

A. 合闸时电源电压的相位角　　　　B. 线路损耗
C. 线路上残压的变化　　　　　　　D. 母线上接有其他线路

【例5-16】 （多选）空载线路合闸过电压也是一种常见的操作过电压，可以发生在（　　）。

A. 零初始条件的正常操作（计划性合闸）

B. 非零初始条件的自动重合闸

C. 线路检修后试送电的正常合闸

D. 新线路按计划投入运行时的正常合闸

5.3　切除空载变压器过电压

5.3.1　切除空载变压器过电压的产生原因　A 类考点

实验研究表明：在切断 100A 以上的交流电流时，开关触头间的电弧通常都是在工频电流自然过零时熄灭的；但当被切断的电流较小时，电弧往往提前熄灭，即电流会在过零之前就被强行切断（截流现象）。产生这种过电压的原因是流过电感的电流在到达自然零值之前就被断路器强行切断，从而迫使储存在电感中的磁场能量转化为电场能量而导致电压升高。

为了具体说明这种过电压的发展过程，可利用图 5-7 中的简化等值电路。图中 L_T 为变压器的励磁电感，C_T 为变压器绕组及连接线的对地电容，在工频电压作用下，$i_C \ll i_L$，因而开关所要切断的电流 $i = i_C + i_L \approx i_L$。下面我们按两种情况来分析。

（1）假如电流 i_L 是在其自然过零时被切断，则电容 C_T 和电感 L_T 上的电压正好等于电源电压 u 的幅值 U_φ，这样的拉闸不会引起大于 U_φ 的过电压。

（2）如果电流 i_L 在自然过零之前就被提前切断，设此时 i_L 的瞬时值为 I_0，u_C 的瞬时值为 U_0，则切断瞬间在电感和电容中所储存的能量分别为

$$W_L = \frac{1}{2} L_T I_0^2$$

$$W_C = \frac{1}{2} C_T U_0^2$$

此后即在 L_T、C_T 构成的振荡回路中发生电磁振荡，在某一瞬间，全部电磁能量均变为电场能量，这时电容 C_T 上出现最大电压 $U_{\max}$。

$$\frac{1}{2} C_T U_{\max}^2 = \frac{1}{2} L_T I_0^2 + \frac{1}{2} C_T U_0^2$$

电容 C_T 上出现的最大电压：

$$U_{\max} = \sqrt{\frac{L_T}{C_T} I_0^2 + U_0^2}$$

若略去截流瞬间电容上所储存的能量 $\frac{1}{2} C_T U_0^2$，则

$$U_{\max} \approx \sqrt{\frac{L_T}{C_T}} I_0 = Z_T I_0$$

图 5-7　切除空载变压器过
电压等值电路图

其中，Z_T 为变压器的特性阻抗，$Z_T = \sqrt{\dfrac{L_T}{C_T}}$。

空载变压器切除前流过空载变压器的电流很小，在切除相对很小的空载励磁电流时，使空载电流未到零之前就发生熄弧，称为空载电流的突然"截断"，由于这一"截断"，使截断前的磁场能量全部转化为电场能量，从而产生切除空载变压器过电压。

截流现象通常发生在电流曲线的下降部分，设 I_0 为正值，则相应的 U_0 必为负值。当开关中突然灭弧时，L_T 中的 i_L 不能突变，将继续向 C_T 充电，使电容上的电压从"$-U_0$"向更大的负值方向增大，如图 5-8 所示，此后在 L_T—C_T 回路中出现衰减性振荡，其频率

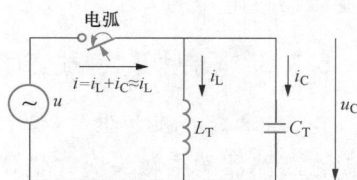

$$f = \frac{1}{2\pi \sqrt{L_T C_T}}$$

以上介绍的是理想化的切除空载变压器过电压的发展过程，实际过程往往要复杂得多，断路器触头间发生多次电弧重燃，不过与切空线时相反，这时电弧重燃将使电感中的储能越来越小，从而使过电压幅值变小。

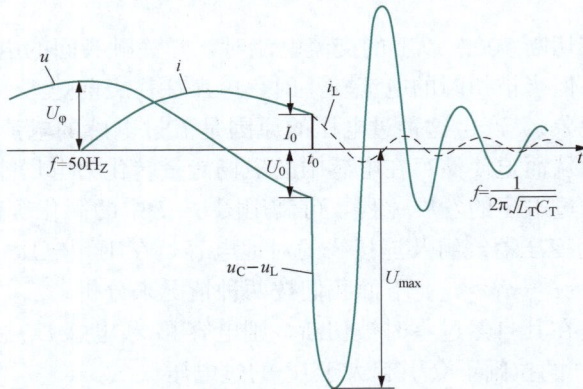

图 5-8　切除空载变压器过电压

5.3.2　切除空载变压器过电压的影响因素　B类考点

1. **断路器的性能**

断路器灭弧能力越强，切除空载变压器过电压越严重。

2. **变压器特性**

变压器空载励磁电流 I 或者电感 L_T 越大、对地电容 C_T 越小，则过电压就越高。

此外，变压器的相数、中性点接地方式，以及与变压器相连线路的参数也会影响切除空载变压器过电压的大小。

5.3.3　限制切除空载变压器过电压的措施　B类考点

1. **断路器并联电阻**

在断路器的主触头上并联高值电阻（几万欧姆），可以有效限制切除空载变压器产生的过电压。

2. **减小变压器的特性阻抗**

可以通过增大电容、减小电感的方法限制此类过电压。

3. **采用氧化锌避雷器**

这种过电压幅值较大，但持续时间不长，能量较小，用避雷器限制并不困难。

【例 5-17】　（多选）对于切空载变压器过电压的限制措施有（　　）。

A. 采用性能越好的断路器

B. 采用励磁电流小的变压器

C. 变压器绕组改用纠结式绕法及增加静电屏蔽等措施，使过电压有所降低

D. 装设并联电阻和采用避雷器保护

【例 5 - 18】　开关触头间电弧重燃，可抑制下列过电压中的（　　）。

A. 电弧接地过电压　　　　　　　　B. 切除空载变压器过电压

C. 空载线路合闸过电压　　　　　　D. 空载线路分闸过电压

【例 5 - 19】　切除空载变压器出现过电压的主要原因是（　　）。

A. 电弧重燃　　　　　　　　　　　B. 截流现象（开断的感性电流提前截断）

C. 电容效应　　　　　　　　　　　D. 中性点不接地

【例 5 - 20】　切除空载变压器就是开断一个（　　）。

A. 小容量电感负荷　　　　　　　　B. 励磁电感

C. 大容量电感负荷　　　　　　　　D. 励磁电阻

【例 5 - 21】　切除空载变压器时切断的是电感电流，变压器的等效回路 L_T、C_T 中产生电磁振荡，而截流现象使空载电流未过零之前就因强制熄弧而切断，此时电流不能突变，造成电容电压继续升高，产生过电压。（　　）

A. 正确　　　　　　　　　　　　　B. 错误

5.4　断续电弧接地过电压　B 类考点

我国中压配电网（66kV 及以下系统）主要采用非有效接地的运行方式。

在中性点不接地系统中，当一相发生故障时，故障点电流（电容电流）较大，接地的电弧不能自熄，而以间歇电弧的形式存在，引起电压升高，称为断续电弧接地过电压。

1. 单相接地故障点电弧电流大小与电弧的发展关系

（1）接地电流小于 5A 时，电弧会迅速自行熄灭，电网即可恢复正常运行。

（2）接地电流较大（30A 以上）时，一般形成持续性电弧接地。

（3）接地电流大于 5A 但小于 30A 时，将会出现断续性电弧接地。

2. 断续电弧接地过电压大小与熄弧时间有关

（1）工频熄弧理论。电弧在工频电流过零点时熄灭。

（2）高频熄弧理论。电弧在高频振荡电流过零点时熄灭。

长期以来大量试验研究表明：故障点电弧在工频电流过零时和高频电流过零时熄灭都是有可能的。一般来说，发生在大气中的开放性电弧往往要到工频电流过零时才能熄灭；而在强烈去电离的条件下，电弧往往在高频电流过零时就能熄灭。

发生断续电弧接地过电压时，健全相上可能出现 3.5 倍的过电压，故障相上可能出现 2 倍的过电压。根据实测，弧光接地过电压倍数一般不超过 3。电弧的燃烧和熄灭会受到发弧部位周围的介质和大气条件等的影响，具有很强的随机性，因而它所引起的过电压值具有统计性质。

【例 5 - 22】　中性点不接地电网中的单相接地电流（电容电流）较大，接地点的电弧将不能自熄，而以断续电弧的形式存在，就会产生另一种严重的操作过电压（　　）。

A. 切断空载线路过电压　　　　　　B. 空载线路合闸过电压

C. 切除空载变压器过电压　　　　　D. 断续电弧接地过电压

【例 5 - 23】　断续电弧接地过电压的发展过程和幅值大小都与（　　）有关。

A. 熄弧时间　　　B. 燃弧时间　　　C. 合闸时间　　　D. 分闸时间

3. 防护措施

对付这种过电压，最根本的防护办法就是不让断续电弧出现，可以通过改变中性点接地方式来实现。

（1）采用中性点有效接地方式。

（2）采用中性点经消弧线圈接地方式。

【例 5 - 24】 单相弧光接地过电压主要发生在（ ）的电网中。

A. 中性点直接接地   B. 中性点经消弧线圈接地

C. 中性点经小电阻接地   D. 中性点不接地

【例 5 - 25】 （多选）断续电弧接地过电压的发展过程和幅值大小都与熄弧时间有关，存在的熄弧时间类型有（ ）。

A. 发生在大气中的开放性电弧往往要到工频电流过零时才能熄灭

B. 在强烈去电离的条件下，电弧往往在电弧过渡过程中的高频电流过零时就能熄灭

C. 电弧的熄灭发生在工频电流最大值的时刻

D. 电弧在过渡过程中的高频振荡电流最大时即可熄灭

【例 5 - 26】 （多选）按工频电流过零时熄弧的理论分析得出的结论是（ ）。

A. 非故障相上的最大过电压为 3.5 倍

B. 故障相上的最大过电压为 2.0 倍

C. 故障点电弧在工频电流过零时和高频电流过零时熄灭都是可能的

D. 电弧的燃烧和熄灭会受到发弧部位周围介质和大气条件等的影响，具有很强的随机性，因而它所引起的过电压值具有统计性质

【例 5 - 27】 （多选）为了消除电弧接地过电压，最根本的途径就是消除间歇性电弧，可以通过（ ）来实现。

A. 改变中性点接地方式   B. 采用中性点直接接地方式

C. 采用中性点经消弧线圈接地方式   D. 采用中性点经高阻接地方式

通过前面对 4 种常见的典型操作过电压及其防护措施的分析与介绍，我们可得到下面一些有关操作过电压的总的概念与结论。

（1）电力系统中各种操作过电压的产生原因和发展过程各异、影响因素很多，但其根源均为电力系统内部储存的电磁能量发生交换和振荡。其幅值和波形与电网结构及参数、中性点接地方式、断路器性能、运行接线及操作方式、限压保护装置的性能等因素有关。

（2）操作过电压具有多种多样的波形和持续时间，较长的持续时间对应于线路较长的情况，可归纳成以下两种典型的波形。

1）在工频电压分量上叠加一高频衰减性振荡波，如图 5 - 9（a）所示。

2）在工频电压分量上叠加一非周期性冲击波，后者的波前时间为 0.1～0.5ms，半峰值时间为 3～4ms，如图 5 - 9（b）所示。

（3）在断路器内安装并联电阻是降低多种操作过电压的有效措施，但不同的操作过电压对并联电阻的阻值提出了不同的要求：

1）在 220kV 及以下电网中，通常倾向于采用以限制切空线过电压为主的中值电阻。

2）在 500kV 电网中，倾向于以限制合空线过电压为主的低值电阻。

但在采用现代 ZnO 避雷器的情况下，是否尚需装用并联合闸电阻，可通过验算决定。

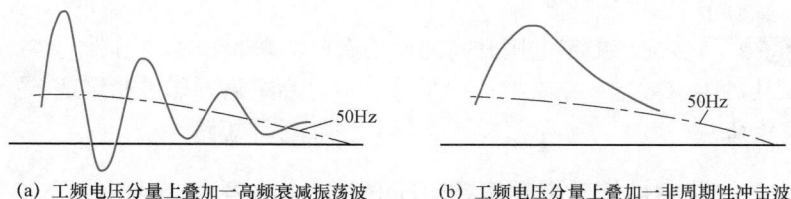

(a) 工频电压分量上叠加一高频衰减振荡波　　　(b) 工频电压分量上叠加一非周期性冲击波

图 5-9　典型的操作过电压波形

（4）操作过电压的幅值受到许多因素的影响，具有显著的统计性质。在未采用避雷器对操作过电压幅值进行限制的情况下按操作过电压做绝缘配合时，可采用表 5-1 给出的计算倍数。

表 5-1　　　　　　　　　　　　　　操作过电压的计算倍数

系统额定电压（kV）	中性点接地方式	相对地操作过电压倍数
66 及以下	非有效接地	4.0
35 及以下	有效接地（经小电阻）	3.2
110～220	有效接地	3.0
330	有效接地	2.2
500	有效接地	2.0
750	有效接地	1.8
1000	有效接地	1.6

5.5　工　频　电　压　升　高

1. 工频过电压概念

电力系统中出现的幅值超过最大工作相电压，频率为工频（50Hz）的过电压称为工频过电压。

2. 研究工频过电压的意义

工频电压升高在绝缘裕度较小的超/特高压输电系统中受到很大的关注，原因如下。

（1）由于工频电压升高大都在空载或轻载条件下发生，与多种操作过电压的发生条件相同或相似，因此它们有可能同时出现、相互叠加。在设计高电压的绝缘时，应考虑它们的联合作用。

（2）由于工频电压升高是决定某些过电压保护装置工作条件的重要依据，因此它直接影响避雷器的保护特性和电力设备的绝缘水平。

（3）由于工频电压升高是不衰减或弱衰减现象，持续的时间很长，因此对设备绝缘及其运行条件也有很大的影响。

3. 工频电压升高的原因

（1）空载线路容性效应引起工频电压升高。

（2）不对称短路引起工频电压升高。

（3）甩负荷引起工频电压升高。

【例 5 - 28】（多选）工频电压升高的原因有（　　）。

A. 空载长线的电容效应　　　　　　B. 不对称短路，如单相接地

C. 突然甩负荷　　　　　　　　　　D. 三相对称短路

5.5.1　空载线路容性效应引起工频电压升高　A 类考点

1. 容升效应

长距离输电线路空载或轻载时，由于线路容抗大于线路感抗，在电源电动势的作用下，线路中通过的电容电流在感抗上的压降将使容抗上的电压高于电源电动势，即空载线路上的电压高于电源电压，致使沿线电压分布不均，末端电压最高，称为电容效应。

输电线路在长度不是很长时，可用集中参数的电阻、电感和电容来代替，图 5 - 10（a）给出了它的 T 形等值电路，图中 R_0 和 L_0 为电源的内电阻和内电感，R_T、L_T、C_T 为 T 形等值电路中的线路等值电阻、电感和电容，$e(t)$ 为电源相电动势；由于线路空载，就可简化成一个 R、L、C 串联等值，如图 5 - 10（b）所示。一般 R 比 X_L 和 X_C 小很多，而空载线路的工频容抗 X_C 又要大于工频感抗 X_L，因此在工频电动势 $\dot{E}$ 的作用下，线路上流过的容性电流在感抗上造成的电压降 $\dot{U}_L$ 将使容抗上的电压 $\dot{U}_C$ 高于电源电动势。由于电感与电容上的压降反相，且 $U_C>U_L$，可见电容上的压降大于电源电动势，如图 5 - 10（c）所示。

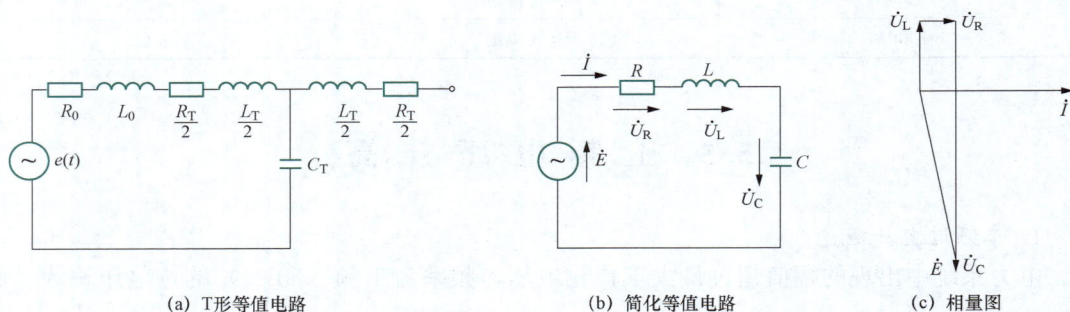

(a) T形等值电路　　　　(b) 简化等值电路　　　　(c) 相量图

图 5 - 10　空载长线的电容效应

2. 特点

（1）对于空载线路而言，由于容性效应，因此线路末端电压大于首端电压。

（2）线路越长，线路末端工频电压升高越严重：对于空载线路相位系数等于 $\alpha\approx0.06°/$ km，当线路长度 $L=1500$km 时，线路处于谐振，即 $U_2=U_1/\cos\alpha L$，其中 U_2 为线路末端电压，U_1 为线路首端电压。

5.5.2　不对称短路引起工频电压升高　B 类考点

1. 不对称短路故障分类

不对称短路故障可分为单相接地、两相短路接地和两相短路。两相短路接地故障概率较小，一般以单相接地故障为主。

2. 单相接地工频电压升高是选择阀型避雷器灭弧电压的依据

不对称短路故障是电力系统中较常见的故障形式，当发生单相或两相对地短路时，健全相上的电压都会升高，其中单相接地引起的电压升高更大一些。此外，阀型避雷器的灭弧电压通常也就是根据单相接地时的工频电压升高来选定的，所以只讨论单相接地的情况。

按电网中性点接地方式分析健全相电压升高的程度，从而选择碳化硅避雷器的灭弧电压。

（1）对 3～10kV 中性点绝缘系统，零序阻抗为容性，健全相工频电压升高约为额定线电压的 1.1 倍，避雷器灭弧电压按 110％U_N 选择，称为 110％避雷器。

（2）中性点经消弧线圈接地的系统，过补偿状态下，零序阻抗为感性、幅值大，健全相工频电压接近额定线电压，采用 100％避雷器。

（3）对中性点直接接地系统，零序阻抗为感性、幅值较小，健全相工频电压升高约为额定线电压的 0.8 倍，采用 80％避雷器。

5.5.3　甩负荷引起工频电压升高　C 类考点

断路器突然断开，甩掉负荷，引起机电暂态过程。空载线路的电容电流对主磁通起助磁作用，使电源电动势 E_d' 反而增大，要等到自动电压调节器开始发挥作用时才逐步下降。在这个过程中，机械响应慢，机械能大于输出能，导致机组转速上升，电源频率上升。不但发电机的电动势随转速的增大而升高，而且还会加剧线路的电容效应，从而引起较大电压的升高。

5.5.4　限制工频电压升高措施　C 类考点

（1）并联高压电抗器可以补偿空载线路的电容效应，这相当于缩短了线路的长度，从而降低过电压。

（2）静止无功补偿器补偿空载线路电容效应。

（3）变压器中性点直接接地，降低不对称故障引起的工频电压升高。

（4）发电机配置性能良好的励磁调节器或调压装置，使发电机甩负荷时抑制容性电流对发电机助磁电枢反应，防止过电压的产生和发展。

（5）发电机配置反应灵敏的调速系统，甩负荷时限制发电机转速的上升造成的工频过电压。

实际运行经验表明：①在一般情况下，220kV 及以下的电网中不需要采取特殊措施来限制工频电压的升高；②在 330kV 及以上电网中，应采用并联电抗器或静止补偿装置等措施，将工频电压升高限制到 1.3～1.4 倍相电压以下。

【例 5 - 29】　以下属于操作过电压的是（　　）。

A. 工频电压升高　　　　　　　　　B. 电弧接地过电压

C. 变电站侵入波过电压　　　　　　D. 铁磁谐振过电压

【例 5 - 30】　（多选）对于工频电压升高，以下说法正确的是（　　）。

A. 一般，工频电压升高对 220kV 等级以下、线路不太长的系统的正常绝缘的电气设备是没有危险的

B. 对超高压、远距离传输系统绝缘水平的确定起着重要的影响

C. 工频电压升高的数值是决定保护电器工作条件的主要依据

D. 工频电压升高持续时间比操作过电压长

【例 5 - 31】 （多选）工频电压升高的限制措施有（　　）。

A. 利用并联电抗器补偿空载线路的电容效应

B. 利用静止补偿器补偿限制工频过电压

C. 采用良导体地线降低输电线路的零序阻抗

D. 工频电压升高对电力系统安全运行没有影响，不需要限制

【例 5 - 32】 工频电压的升高常伴随操作过电压，其大小直接影响操作过电压的幅值。（　　）

A. 正确　　　　　　　　　　　B. 错误

5.6　谐　振　过　电　压

1. 谐振过电压

由电容元件、电感元件、电阻元件构成的带阻尼的振荡回路，当系统出现扰动时（操作或故障），产生谐振过程，并引起严重的、持续时间很长的过电压。其中，电阻、电感和电容串联的正弦交流电路发生谐振的条件是阻抗等于零。

谐振过电压是一种稳态现象，它持续时间较长，不仅危及设备的绝缘，而且可能产生持续过电流而烧坏设备，造成比较严重的后果。

2. 谐振过电压的分类

笔记

【例 5 - 33】 （多选）谐振过电压的类型有（　　）。

A. 线性谐振过电压　　　　　　B. 参数谐振过电压

C. 铁磁谐振过电压　　　　　　D. 非参数谐振过电压

5.6.1　线性谐振过电压　C 类考点

1. 线性谐振

线性元件是指电路中的元件参数不随电压或电流而变化。电路中线性电感元件与系统中电容元件形成串联回路，在正弦交流电压下，当电源频率和系统自振频率相等或接近时，可能产生强烈的线性谐振。线性谐振过电压谐振回路由不带铁芯的电感元件（如输电线路的电感、变压器的漏感）或励磁特性接近线性的带铁芯的电感元件（如消弧线圈）和系统中的电容元件所组成。

2. 串联线性谐振原理

串联线性谐振电路（见图 5 - 11）中，若回路中忽略电阻元件、电感元件和电容元件，

则组成谐振回路。

3. 串联线性谐振条件

$$\omega L = \frac{1}{\omega C}, 或 \omega = \omega_0 = \frac{1}{\sqrt{LC}}$$

4. 限制线性谐振过电压的方法

限制线性谐振过电压的方法有增大线路损耗、避开谐振条件等。

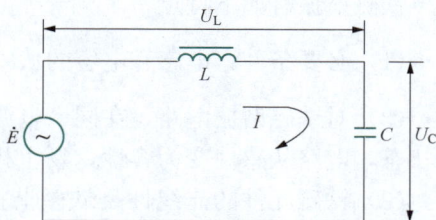

图 5-11   串联线性谐振电路

【例 5-34】 R、L、C 串联电路,在电源频率固定不变的条件下,为使电路发生谐振,可用(   )的方法。

A. 改变外施电压大小

B. 改变电路电阻参数

C. 改变电路电感或电容参数

D. 改变回路中电流的大小

5.6.2   参数谐振过电压   C 类考点

参数谐振是指某些感性元件参数发生周期性变化,如水轮发电机在正常的同步运行时,直轴同步电抗和交轴同步电抗呈周期性变动,或同步发电机在异步运行时,其电抗将在直轴同步电抗和交轴同步电抗呈周期性变动,如果与电机外电路的容抗满足谐振条件,就有可能在电感参数呈周期性变化的振荡回路中激发起谐振现象。

电机同步运行产生的参数谐振称为同步自励磁,只能在水轮发电机中产生。

电机异步运行时产生的参数谐振称为异步自励磁,在水轮发电机和汽轮发电机中都有可能产生。

限制参数谐振过电压的方法:发电机在正式投入运行前,设计部门要进行自激的校验,以避开谐振点。

5.6.3   铁磁谐振过电压   A 类考点

1. 铁磁谐振过电压

铁磁谐振过电压是振荡回路中由于带铁芯电感(如变压器、电压互感器等)的磁路饱和作用,使它们的电感减小,在一定条件下发生谐振现象而产生的电压。

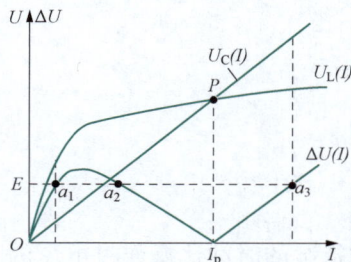

图 5-12   串联铁磁谐振
电路特性曲线

2. 串联铁磁谐振电路特性曲线

图 5-12 中分别画出了电感上的电压 U_L 及电容上的电压 U_C 与电流 I 的关系。由于电容是线性的,因此 $U_C(I)$ 是一条直线 $U_C = \frac{I}{\omega C}$;随着电流的增大,铁芯出现饱和现象,电感 L 不断减小,两条伏安特性相交于 P 点。

为了建立起稳定的谐振点 a_3,回路必须经过强烈的扰动过程,例如发生故障、断路器跳闸、切除故障等。这种需要经过过渡过程建立的谐振现象称为铁磁谐振的"激发"。而一旦"激发"起来以后,谐振状态就可以"保持",

维持很长时间,不会衰减。

137

3. 铁磁谐振的特点

铁磁谐振有如下特点。

(1) 必要条件：电感和电容的伏安特性曲线必须相交，即 $\omega L > \dfrac{1}{\omega C}$。

(2) 对铁磁谐振电路，在同一电源及外界激发作用下，回路可能从非谐振状态跃变到谐振状态，电路从感性变为容性，发生相位反倾，导致过电压与过电流。

(3) 铁磁元件的非线性是铁磁谐振的根本原因，但是它的饱和特性又限制了过电压的幅值。

(4) 振荡回路发生铁磁振荡时，由于回路自振频率没有固定值，因此可以形成基波谐振、高次谐波谐振或分次谐波谐振。具有各种谐波谐振的可能性是铁磁谐振的一个重要特点。

4. 铁磁谐振限制措施

(1) 改善电磁式电压互感器的励磁特性，或改用电容式电压互感器。

(2) 在电压互感器开口三角形绕组中接入阻尼电阻，或在电压互感器一次绕组的中性点对地接入电阻。

(3) 增大对地电容，避免谐振：10kV 以下母线装设对地电容器，用电缆代替架空线等。

(4) 投入消弧线圈。

5. 断线铁磁谐振过电压

泛指由于导线的开断（可能伴随断线处有一侧接地），开关的不同期合闸及熔断器的一相或两相熔断而引起的铁磁谐振过电压。只要电网的电源侧或负荷侧中有一侧中性点不接地，在断线时经常出现谐振和中性点电位发生偏移，造成负载变压器相序反倾、绕组电流剧增和绕组两端、导线对地的过电压等。

【例 5 - 35】 （多选）抑制铁磁谐振过电压的措施是(   )。

A. 使回路脱离谐振状态或者增加回路的损耗

B. 发电机在正式投入运行前，设计部门要进行自激的校验，避开谐振点

C. 改善电磁式电压互感器的励磁特性

D. 在电压互感器开口三角形绕组中接入阻尼电阻，或在电压互感器一次绕组的中性点对地接入电阻

【例 5 - 36】 线性谐振条件是(   )。

A. 等值回路中的自振频率等于或接近电源频率

B. 等值回路中的自振频率大于电源频率

C. 等值回路中的自振频率小于电源频率

D. 以上都不对

【例 5 - 37】 铁磁谐振过电压具有自保持特性，所以它持续的时间比操作过电压的时间长得多。(   )

A. 正确 　　　　　　　　　　　B. 错误

【例 5 - 38】 电力网中，当电感元件与电容元件串联且感抗等于容抗时，就会发生(   )谐振现象。

A. 线性　　　　　　B. 电流　　　　　　C. 铁磁　　　　　　D. 参数

【例 5 - 39】 断线过电压属于（　　）。

A. 铁磁谐振过电压　　　　　　　　B. 操作过电压

C. 工频过电压　　　　　　　　　　D. 线性谐振过电压

5.7　绝 缘 配 合

1. 绝缘配合的概念

绝缘配合，就是综合考虑电气设备在电力系统中可能承受的各种电压（工作电压及过电压）、保护装置的特性和设备绝缘对各种作用电压的耐受特性，合理地确定设备必要的绝缘水平，以使设备的造价、维修费用和设备绝缘故障引起的事故损失，达到在经济上和安全运行上总体效益最高的目的。也就是说，在技术上要处理好各种作用电压、限压措施及设备绝缘耐受能力三者之间的相互配合关系；在经济上要协调投资费用、维护费用及事故损失费用三者的关系。这样，既不会由于绝缘水平取得过高，使设备尺寸过大及造价太高，造成浪费；也不会由于绝缘水平取得过低，使设备在运行中的事故率增加，导致停电损失和维修费用大增，最终造成经济上的损失。

2. 绝缘配合的最终目的

绝缘配合的最终目的就是确定电气设备的绝缘水平。电气设备的绝缘水平是指该电气设备能承受的试验电压值。

3. 绝缘配合应注意的知识点

在 220kV 及以下的电网中，要求把大气过电压限制到比内部过电压还低是很不经济的。因此，这些电网中电气设备的绝缘水平主要由大气过电压决定。

在超高压系统中，在现代防雷技术条件下，大气过电压一般不如内过电压危险性大。同时随着电压等级的提高，操作过电压的幅值将随之增大，对设备与线路的绝缘要求更高，绝缘的造价将以更大的比例增加。因此，在 330kV 及以上的超高压绝缘配合中，操作过电压将起主导作用。

处在污秽地区的电网，外绝缘的强度受污秽影响将大幅度降低，污闪事故在恶劣气象条件时，在正常工作电压下就能发生。因此，此类电网的外绝缘水平应主要由系统最大运行电压决定。

另外，在特高压电网中，由于限压措施的不断完善，过电压可降低到 1.6～1.8p.u. 或更低，电网的绝缘水平可能由工频过电压及长时间工作电压决定。

在绝缘配合中是不考虑谐振过电压的。

4. 绝缘配合的方法

目前进行绝缘配合的方法有惯用法、统计法和简化统计法。

5. 输变电设备绝缘水平的确定

在变电站的诸多电气设备中，以电力变压器较为重要，因此，通常以确定电力变压器的绝缘水平为中心环节，再确定其他设备的绝缘水平。

确定电气设备绝缘水平的基础是避雷器保护水平，即设备的绝缘水平与避雷器的保护水平进行配合。

6. 线路绝缘水平的确定

确定输电线路的绝缘水平，包含确定绝缘子串的绝缘子片数及线路绝缘的空气间隙。

根据杆塔机械负荷选定绝缘子型式之后，需要确定绝缘子的片数，其要求如下：

（1）在工作电压下不发生污闪。

（2）下雨天在操作过电压下不发生闪络。

（3）具有一定的雷电冲击耐受强度，保证线路有一定的耐雷水平。

习题

（1）内部过电压的产生根源在电力系统内部，其大小由（　　）决定。

A. 系统参数　　　　　　　　　　　　B. 操作流程

C. 雷电流大小　　　　　　　　　　　D. 周围介质和大气

（2）正常合闸的情况，空载线路上（　　）。

A. 有残余电荷　　　　　　　　　　　B. 没有残余电荷，初始电压不为零

C. 有残余电荷，初始电压为零　　　　D. 没有残余电荷，初始电压为零

（3）如果是自动重合闸的情况，这时线路上有（　　）。

A. 有残余电荷，初始电压不为零　　　B. 没有残余电荷，初始电压不为零

C. 有残余电荷，初始电压为零　　　　D. 没有残余电压，初始电压为零

（4）电弧接地过电压主要发生在中性点不接地的电网中系统出现（　　）故障时。

A. 单相接地　　　B. 两相接地　　　C. 三相接地　　　D. 两相短路

（5）在超高压线路中，采用并联电抗器的目的是限制（　　）过电压。

A. 谐振过电压　　　B. 大气过电压　　　C. 操作过电压　　　D. 工频过电压

（6）在空载线路中，与线路末端较线路首端电压的升高倍数无关的参数是哪一项？（　　）

A. 线路损耗　　　B. 电源频率　　　C. 线路长度　　　D. 线路波阻抗

（7）谐振是指振荡回路中某一自由振荡频率等于外加强迫频率的一种稳态或准稳态现象。（　　）

A. 正确　　　　　　　　　　　　　　B. 错误

（8）谐振过电压持续时间较短。（　　）

A. 正确　　　　　　　　　　　　　　B. 错误

（9）对铁磁谐振电路，在同一电源电动势作用下，回路只能有一种稳定工作状态。（　　）

A. 正确　　　　　　　　　　　　　　B. 错误

（10）通常以系统的最高运行线电压为基础来计算内部过电压的倍数。（　　）

A. 正确　　　　　　　　　　　　　　B. 错误